建設業許可専門の 行政書士 が教える

建設業許可のことがよくわかる本

建設業許可の
プロを目指す
行政書士が
最初に読む
本

著

[行政書士]

蔵本徹馬

自由国民社

は じ め に

　本書を手に取って頂きまして、誠にありがとうございます。この本を手に取ったあなたは、建設業許可業務をやってみよう、しかしどのように相談を受け、進めていけば良いのかという悩みを抱えているのではと思います。

　私が行政書士になったのは10年前。行政書士になる前は、建設業界とは全く無縁の仕事（SIer［エスアイヤー］）でSEをしていました。そんな私が建設業許可の専門に特化した行政書士になろうと考えたのは、単に行政書士業務で一番仕事が多そう、だから市場も大きいだろうというごく単純な発想からでした。

　「建設業許可」という単語でネット検索すると、要件やこんな資料が必要という情報はいくらでも出てきます。また、行政庁が出している手引に必要書類や申請書の書き方も記載されています。これらの情報（知識）は当然必要です。しかし、私が一番欲しかった情報は、相談者と会った時に、何から話を切り出せばよいか？　でした。そして受任後、どう進めていくのか、ということでした。

　当時の私は単に試験に合格しただけ、実務知識がないのは無論、実務を行っている行政書士の知り合いも全くいなければつながる方法すらなかったのです。ですので、実務を行っている方のお話を聞ける機会は皆無でした。

　行政書士登録後、たまたま来た建設業の相談も、手引きに載っている専門用語をそのまま話すだけで、それはどういうことなのか？　と尋ねられてもこちらも「？」となったりして、その結果、当然ながら正式な依頼にはなかなかつなげられませんでした。こ

れではまずいと思い、私が最初にとった行動は、ひたすら交流会に参加することでした。数撃てば当たるではないですが、そんな中で、建設業許可専門の行政書士の方と出会う機会があり、こういう相談を受けた場合はこうですよ、とか、審査窓口ではここを見ていますよ、という現場のリアルなお話を聞くことができました。

ここで大事なことは、見聞きした情報を価値あるものにするために、いかに自分自身でその情報を活かしきる行動をするかです。建設業に限ったことではありませんが、聞いただけで終わりにしたら、その情報には何の価値もありません。

そもそも、聞いただけの情報には価値はない、というのが私の持論です。価値のある情報というのは、自分自身で作り上げるものと私は考えています。ですので、仲間の行政書士から得た情報、申請や届出の際に、他の申請者と行政の職員のやり取りに可能な限り耳を傾け、ここで得た情報を基に自分自身で対応の筋道を立て、考え得る範囲で必要と思われる資料を揃えて、行政の窓口に出向いて質問したりと、現場百編的なことをしながら、入手した情報を価値あるものに昇華させていきました。その結果として、現在の実務能力を身に付けられたと自負しています。この行動は、もちろん現在進行形で続けています。

私は、これまで行政書士向けの建設業許可セミナーの講師を何度か経験してきました。セミナー終了後の懇親会で、セミナー内容以外の質問もありましたが、その多くが、「相談者と何から話せばよいのか？」というものでした。やはり現在でも、私が新人時代に直面した悩みを抱える行政書士は多くいるようです。

本書は、私が新人時代にこういう本があれば助かったのに、という思いで、書き上げました。本書の一番の特徴は、行政書士と依頼者との会話を中心にしているところです。この本書内の会話は実際に私が経験した事例に基づいています（本書の登場人物、会社名などはフィクションです）。それだけに、現場の臨場感が伝わるかと思います。さらに、建設業界の方が建設業許可に対してどのような疑問を持つのか、建設業界の様子、といったことも読者の方にお伝えできるかと思います。

　本書の内容は、これからの建設業許可の、特に相談業務を行う基礎になると思います。私も最初は、何も知らないところから始めました。そこから少しずつ相談をこなしていき、建設業許可や建設業界の実際について着実に経験を重ねていきました。地道に相談対応をした結果、申請や変更届の受任件数も増えていきました。４年目ぐらいからは、電話やメール相談コーナー、研修という様々な状況下で、一言で終わる相談から１時間を超える相談も含め、年平均で２千件強の相談対応をこなしてきました。そのエッセンスを抽出したものが本書です。建設業許可申請に向けて必要となる書類や情報を集める時、依頼者とのやり取りは、

　　行政書士　「○○はありますか？」
　　依頼者　　「○○とは何ですか？」
　　行政書士　「○○とはこういうものです。」
といった流れが中心になるかと思います。

　受任しやすい行政書士は、回答力のレベルが非常に高いです。ですが、この回答力は単なる知識量だけではなく、会話の進め方が非常に大きな要素を占めます。また、依頼者の状況により進

め方のパターンは異なりますし、都道府県によって運用方法も違います（本書では、東京都の運用に準拠して解説しております）。ですが、本書での行政書士と依頼者のやり取りを読んでいただけますと、どのように会話を進めて行くのかという流れがイメージでき、業務の参考にできるところがあるかと思います。もちろん、本書にあるやり取りだけで全て対応できるものではありません。基本的な相談の流れを身につけた後も、法律の改正や行政での運用見直しなど、常に知識のアップデートを続ける必要があります。私自身も、知識をブラッシュアップしながら各依頼者に適した回答を心がけ、日々数多くの相談対応をしています。

　令和５年度の国土交通省の調査報告書では、業者数が減少しているとの報告が出ています。
　この縮小している業界に飛び込むにはちょっとためらう方がいらっしゃるかもしれません。しかし、建設業界は道路や建物などのインフラに携わる、社会に重要な仕事です。その一端に関われる建設業許可専門行政書士とは、大げさかもしれませんが「国づくり」の仕事と同義であると私は考えています。
　建設業許可に初めて触れる方、建設業許可業務を初めてやってみようかという方々のため、本書が何もない状態からの一歩を踏み出せる一助となればと切に願います。そして、行政書士になったことが本当に楽しい選択であったと一緒に話せる機会があればうれしく思います。

目　次

第3章
巻末資料 …… 115

注 記

◎ 本書は、執筆時（令和5年12月31日現在）の法令、ガイドライン、運用に従っております。
運用等の変更がされることもありますので、申請や届出をする際には最新の情報を必ず確認するようにしてください。

◎ 本書は、東京都の運用（令和5年度の手引き）に準拠していますので、その他の都道府県の取り扱いと違いがある場合がございます。

◎ 令和5年1月10日より電子申請（東京都は令和5年10月23日から）が開始されています。

◎ 令和5年7月1日施行の国土交通省令により、専任技術者の実務経験の要件が一部緩和されます。
10ページの〔**専任技術者の資格証の活用範囲が拡大**〕をご覧ください。

令和５年改正について

〔専任技術者の資格証の活用範囲が拡大〕

　これまでは、取得した資格に対応する工事業種以外については何の意味もないとされていたのですが、令和５年７月１日以降から、該当する資格を取得した場合、指定学科卒業と同じ効果が得られるようになります。

■ 工事業種に対応した指定学科を卒業している場合

- ◉ 大学・短期大学・高等専門学校 ➡ 卒業後３年の実務経験
- ◉ 高等学校・専修学校（専門学校）➡ 卒業後５年の実務経験
- ◉ 専修学校でも、専門士、高度専門士であれば
  ➡ 卒業後３年の実務経験

　上記のいずれかの条件を満たすことを証明できれば**専任技術者の実務能力**があるとされます。

　そして、今回の改正では、資格が、上記のように指定学科卒業同様に、実務経験期間の短縮効果が認められるようになります。

■ ２級建築施工管理技士（建築）の場合

　これまでは、建築一式、解体（取得年度により制限あり）しか取得できませんでした。

　しかし、令和５年７月１日以降から、以下の工事業種の５年以上の実務経験が証明できれば、次の工事業種の専任技術者になれるようになります。

大工、左官、とび、石工、屋根、タイル、鉄筋、板金、ガラス、塗装、防水、内装、機械、熱絶縁、建具、水道施設、消防施設※、清掃施設

注意! ※ 消防施設工事は消防法により、消防設備士の資格を持つものがいない業者が工事施工すると、消防法違反となりますので注意が必要です。

が、取得可能となってきます。

　今回の改正で、複数の工事業種で500万円以上の契約をするために業種追加や専技の交代要員の準備がしやすくなったといえます。

　実務経験の認定について関東地方整備局に確認したところ、資格取得日からでよく、令和5年7月1日以前の実務経験でも証明できればよいとの回答でした。

【補足】
　1次検定合格のみの場合（○○管理技士補）、改正前では、専任技術者の実務経験に対して何ら効果がなかったのですが、令和5年7月1日からは、指定学科の効果が認められるようになります。

● 実務経験による技術者資格要件の見直し
（一般建設業許可の営業所専任技術者等の要件緩和）

◉ 一般建設業の許可を受けるには、
営業所ごとに<u>専任の技術者の配置</u>が求められています。

◉ 今般、技術検定合格者を、**指定学科卒業者と同等（1級
1次合格者を大学指定学科卒業者と同等、2級1次合格
者を高校指定学科卒業者と同等）**とみなし、
第1次検定合格後に、一定期間（指定学科卒と同等）の
実務経験を有する者が、**当該専任技術者として認められ
<u>る</u>**ことになりました（指定建設業と電気通信工事業は除
く）。

また、特定建設業許可の**営業所専任技術者要件**※、
建設工事において配置する**主任技術者・監理技術者**※も
同様の扱いとなります（※指定建設業は除く）。

【改正前】

学 歴	実務経験
大学、短大等（指定学科）	卒業後3年
高等学校（指定学科）	卒業後5年
上 記 以 外	10年

【改正後】

学 歴 等		実務経験
学　歴	大学、短大等（指定学科）	卒業後3年
	高等学校（指定学科）	卒業後5年
技士補	1級1次検定合格（対応種目）	合格後3年※
技　士	2級1次検定合格（対応種目）	合格後5年※
上 記 以 外		10年

※指定建設業と電気通信工事業を除く

技術検定種目と対応する指定学科

技術検定種目	同等とみなす指定学科
土木施工管理、造園施工管理	土木工学
建築施工管理	建築学
電気工事施工管理	電気工学
管工事施工管理	機械工学

《 **機械器具設置工事業における例**（改正前後の比較）※》

【改正前】建築学、機械工学、電気工学に関する学科（指定学科）
　　　　　の卒業者以外は**10年の実務経験が必要**

【改正後】指定学科の卒業者以外であっても、建築・電気工事・
　　　　　管工事施工管理技術検定（第1次検定）の合格により、
　　　　　<u>合格後3年（1級）または5年（2級）に短縮可能</u>

※一般建設業許可の専任技術者または主任技術者の場合

〔国土交通省発表資料より〕

注意! 消防施設や電気工事のように消防設備士や電気工事士がいないと実務経験を認められ
ない場合があります。また、特定建設業の専任技術者の場合にも指定建設業「土木・建
築・電気・舗装・管・鋼構造物・造園」は今回の改正の効果が認められません。

詳細は、［**巻末資料／❷有資格コード一覧**］にてご確認ください。

松本太郎
〔 株式会社赤羽工業の代表取締役 〕

昭和61年4月15日生　37歳。
高校卒業後、株式会社関東工業に就職。
内装工事の現場に従事。
平成23年に独立 (個人事業主)。
令和1年6月23日に株式会社赤羽工業設立。

桂　一郎
〔 建設業専門の行政書士 〕

昭和46年12月4日生　52歳。
大学卒業後、法律事務所職員、フリーの講師業
（進学塾・情報関連資格等）、大手SIerでSEを経て
42歳の時に行政書士を開業。
開業時から建設業許可を専門に取り扱ってきた。
個人事務所にて建設業者の許可取得・維持・運用
サポートをしている。

高田 久 社長 〔 株式会社関東工業の代表取締役 〕
松本太郎が高校卒業時に就職した建設会社。
古くからの建設業許可業者で、大手ゼネコンからの信頼が厚い。

田村 〔 株式会社関東工業の総務担当 〕

奥林 〔 奥林工務店株式会社の代表取締役 〕
当初は個人事業主で一人親方にて建設工事の仕事をしていた。
その後、父親が営んでいた奥林組を引き継ぐ。
奥林組は個人であったが、従業員を10人雇っていた。
奥林が引き継いですぐに法人化した。法人化して今期が8年目。

● 建設業許可を取得しようとする会社の基本情報

会 社 名	株式会社 赤羽工業
本 店 住 所	東京都北区赤羽二丁目6番地4号
設 立 年	令和1年6月23日
資 本 金	100万円
発 行 可 能 株 数	1万株
発 行 済 株 数	100株
決 算 期	5月31日
役 員	代表取締役・松本太郎／取締役・松本花子
従 業 員 数	総数5名（役員2名）
主要取引金融機関	四智銀行　赤羽支店
社会保険・雇用保険	加入済
加 入 団 体	なし

● 行政書士事務所情報

住 所	東京都豊島区池袋1－1－1
電 話 番 号	03-9876-1111
F A X	03-9876-1112
行 政 書 士 名	行政書士・桂　一郎
所 属	東京都行政書士会　豊島支部

＊登場人物、会社名は全てフィクションです。

第1章

突然、
建設業許可を
取ってください
・・・と言われた

① 松本社長、行政書士へ相談に行く

株式会社松本工業の代表取締役松本太郎は、中堅ゼネコンの 2 次請業者として、主に内装工事を受注・施工している。

ある時、1 次請の担当者から、

> 今後、請負金額に関係なく、発注先は建設業許可業者に限定するよう元請の会社から指示がでました。至急、**建設業許可を取得してください。**急な申し出で大変恐縮ですが、なにぶん弊社としても法律（昨今で言うところの「コンプライアンス」）を遵守すべき立場であります。期限は半年以内にお願いします。それと、建設業許可が取得できましたら元請の担当者にすぐに連絡するようにとも言われていますので、皆様よろしくお願いします。

担

　…とは言われたものの、
建設業許可はどうやって取得するのだろうか？

　早速、手続きをやろうと考えて、ネットで調べたり、都庁の建設業課の窓口に行って手引きをもらったりしてやってみたものの…普段の業務もあり時間が取れないし、手引きに書いてあることや都庁の職員に言われたことがよくわからない等で、気が付くと数カ月放置してしまった。

　このままでは、さすがにマズいかもと…そういえば、行政書士が建設業許可の業務をやっていると聞いたことがあったな。

　ネットで、『建設業許可　専門　行政書士　東京都』で検索してみると、結構な数の事務所が表示されてきた。

よし、一番上に表示されたA行政書士事務所に電話してみよう。

はい A 行政書士事務所です！

建設業許可を取りたいのですが・・・

お問合せ、ありがとうございます。
早速ですが、御社にお伺いしてお話させて頂ければと
思います。
そこで、日程調整させて頂けますでしょうか？

はい、ですが、先に一度 A 先生の事務所にて
お話しを聞きたいのですが？

（うぇ）・・・そうですね、
わざわざご足労おかけするのは申し訳ないので、
私の方から伺わせて頂きますよ

でも、一度先生の事務所を見てみたいので・・・
（相手方がどのような仕事場でやっているか先に確認
して契約しろよと高田社長によく言われていたから
な）

そうですか・・・そうしますと別途料金が発生します
ので、事務所近くの喫茶店ではどうでしょうか？
それでしたら、初回面談無料で対応できますので

え、喫茶店ですか？
いや〜周りに人がいる所で話すのはちょっと・・・
A先生の事務所でお願いしたいです

そうしましたら、後日候補日をご連絡させて頂ければ
と思いますので、少しお待ちください

はいよろしくお願いします

——— 10日経過してもA行政書士から折り返しがなかった。

どうしよう、早く建設業許可取らないと
いけないのに…この最安と書いてある
B行政書士事務所にかけてみよう

B行政書士事務所です

すぐに建設業許可を取りたいのですが

そうですか。
因みに、松本様は現在、法人ですか？

はいそうです

経管と専技がいますか？

なんですかそれ？

 経管は建設業の経営経験のある人で、専技は工事技術の専門能力のある人です

 なら、私が経営経験と工事技術があると思うけど・・・

 そうですか、そうしますと、松本様は何か国家資格をお持ちということですか？

 国家資格は何も持ってないです。資格がないとダメなんですか？

 そうですね。かなり難しいです

 難しいけど、取れる方法はあるんですか？

調査が必要です

どんな調査ですか？

経験について・・・

何で調査するんですか？

状況に応じて色々とありまして・・・

状況について話せばよいですか?

B そうですね

そうしたら、一度伺って話を聞いてもらえますか?

B はい、承知しました。
では、私の事務所の案内を送らせて頂きます

　後日、B行政書士事務所に行って話をするも、専門用語を連発して話をするので、都度それは、という質問の繰り返しだった。
　また、ひたすら調査すると言うだけで、結局のところどう進めるのか具体的な話がないまま終わった。

頼りないという感じだよなぁー。
もう少し他の事務所に電話してみよ

　5カ所位に電話したが、「国家資格がない」と言うと「難しいですね」と言われてしまい、話がそこまでだったりもした。

これらは、過去にお客様から実際に聞いた話です。
『業界最安値』と書かれている事務所に電話して、進めてもらおうと
したが…値段相応の対応でしたね…という話を数多く伺いました（数
カ月振り回された挙句に私の所に来ましたということも多くありまし
た）。それに、安くやれと言われたら、それなりの材料や工夫で自分ら
もやるし（笑）…価格には理由があるということを改めて認識させられ
ましたね…とお話しする方も多くおられました。

　次の事務所に電話かけてダメだったら高田社長に相談してみる
か…もう疲れたよ。

　これで最後と決めて電話したのが、**桂行政書士事務所**だった。

 はい、桂行政書士事務所です

 日曜日なのにすいません。
建設業許可を取得したいのですが、それも急いで

 初めて建設業許可を取るということですね？

 はい

 そうしましたら、私の方からご質問する形で
お話を進めさせて頂ければと思うのですが、
今、お時間大丈夫ですか？

 はい、大丈夫です

この電話でのやり取りをおおまかにまとめると…

| **会社**で現在やっているか？ | → | はい |

| 過去に**個人事業主の経験**あるか？ | → | はい |

| **工事代金は銀行振込**で受け取っているか？ | → | はい |

| 営業所は**専用か自宅兼用**か | → | 自宅兼用 |

などなどの話をした後に、

まずは、工事の実績資料が必要分揃えられれば、
建設業許可取得の可能性があると思います。
改めて詳細なお話を伺いながら方向性を見つけていければと思いますので、一度ご面談いかがでしょうか？

はい、ぜひ、できれば桂先生の事務所に
伺わせて頂きたいのですが・・・

はい、ぜひお越しください。
後ほど事務所案内と候補日を送らせて頂きますので、今、頂いている携帯電話へショートメッセージで私のメールアドレスお送りします。
空メールで大丈夫ですので、ご返信お願いします。
返信頂けましたら折り返しご案内を送らせて頂きます

はい、わかりました。
よろしくお願いします

> この人、外出中だよね。しかも歩きながら
> 話しているよね…それでいて的確に話をしてくれる、
> この人ならどうにかしてくれそうだな

　ということで、何カ所かに電話した中で、説明が一番わかりやすかった、桂行政書士に会って相談することにした。

　電話相談から1週間後 ———桂行政書士事務所にて、

> 改めて、**建設業の許可**を取りたいのですが・・・

> 今回が建設業許可を初めて取得するということでしたよね？

> はいそうです。
> 元請の会社から取得するよう言われました

> 先日のお電話でも話しました内容と重複もあるかと思いますが、よろしくお願いします。
> それでは、話を進めますね。
> 現在、**法人にて営業**されていますね。名刺を拝見すると、本店住所が東京都北区となっていますが、
> こちらが登記上の住所でよろしいでしょうか？

> はい

> 承知しました。早速ですが、建設業許可取得の上で超えないといけないハードルがいくつかあります

特に次の2つが高いハードルになります。

① 建設業の経営経験が5年以上ある取締役がいる
➡ **経営業務管理責任者**
② 取得する工事業種の技術力のある人がいる
➡ **専任技術者**

この2つのハードルを越えられることを証明する資料
があるかどうかの確認から始めます

はい

松本様は現在の会社の取締役期間はおおむね4年ほど
なので、まだ5年には足りないですね。法人を設立す
る前に<u>個人事業主をされていた期間</u>はありますか？

はい、8年ほどやっていました

その個人事業主時代に、確定申告の提出はずっと
されていましたか？

えーと・・・やってはいたのですが、
税理士の先生にお願いしたのは3年前ぐらいで・・・

個人事業主時代の確定申告書は全部残っていますか？

税理士の先生にお願いしてからの分はあると思います
が・・・家に戻って確認してみます

個人時代の請負代金の受け取りは<u>銀行振込</u>でしたか？

最初の数年は手渡しでしたが、
5年位前からは、すべて振込です

承知しました。<u>建設業の経営経験期間は、会社の取締役期間と個人事業主時代の期間を合算ができます。</u>
なので、現在の会社の工事資料で足りない期間分を、個人事業主時代の確定申告書と工事資料で補う方向で進めていければと思います

はい

次に、松本様は、主にどのような工事を中心にされていますか？

リフォーム関係が多いです

先生、とにかく下請を切られるとどうにもならないし、それに今後、大きい現場にもどんどん入れるようになりたいんですよ。
確か、建設業許可を取得すると、500万円を超える金額の工事でも契約できるようになりますよね？

はい。
建設業許可業者であれば、<u>500万円を超える工事の契約をすることが可能</u>となります

えーと、リフォームをされているとのことですが
主に建物の内側関係ですか？ それとも基礎工事
もしくは木組み工事などですか？

主にクロス貼りや床仕上げ工事、間仕切り工事です。
あと店舗の入れ替えに伴うスケルトン工事※も
あります

（※スケルトン工事＝退出したお店の内装品等を全て解体して、室内を
何もない状態にする工事のこと。）

そうしますと、内装仕上げ工事をご取得するのが
最適と考えます。ちなみに内装仕上げ工事に関する
国家資格等をお持ちですか？

➡［巻末資料／**❷有資格コード一覧表**］参照。

何も持っていません

そうですか。松本様は高校・大学が建築科等を
ご卒業されていますか？

➡［巻末資料／**❸指定学科一覧**］参照。

いいえ、高卒で普通科でした

そうですか。ちなみに、社員は何人かおられますか？

今3人いますが・・・

その中で、国家資格取得者や建築系等の学科を
卒業した方はおられますか？

誰も資格は持っていませんし、
建築系の学校を出た者はいないです

そうですか。
そうなると、許可を取りたい建設業の技術力を証明す
るための期間は、10年以上必要となります。
現場で工事をしたよという実績資料を個人時代と法人
時代で合わせて10年分以上、揃える必要があります

どのような資料が必要になりますか？

たとえば、**厚生年金**は会社設立時から加入されて
いますか？

はい

その場合、会社での在籍期間は、御社名が記載されて
いる健康保険証の資格取得日からカウントされます。
で、法人設立後の注文書や契約書、そして、個人事業
主時代の分は、確定申告書とその期間の注文書や契約
書、ちなみに、東京都では注文書や契約書がない場合
は請求書でも実績資料として認めてくれますが、
その場合は入金がちゃんとされているか確認のため、
銀行通帳コピーの提出も必要です

個人時代の銀行通帳も必要なんですね

そうです

そういえば、個人になる前に勤めていた会社が
確か、**建設業許可**を持っていました

そうですか！　その会社が持っていた建設業許可業種
が内装仕上げで、松本様が在籍していた時にすでに
持っていましたら、その期間は許可業者経験として
認められる可能性があります

確か、あったと思います。許可の看板が事務所内に
飾ってあった気がします、金色の

そうですか。
その会社の名前と大まかな住所はわかりますか？

はい、今も取引してますから、ちょっと待ってくださいね。
…スマホにて連絡先確認…
この会社です、**株式会社関東工業**

許可情報を確認しますので、少しお待ち下さい。
…国土交通省の建設業者検索のサイトにて確認…
こちらの会社で間違いないですか？

はい、社長の名前と住所が一致しています

そうしますと、現在も許可が有効ですね。
しかも内装仕上げ工事の許可を持っています。
内装仕上げ工事の許可を取得した年月日が判明すれば、後は松本様の在籍期間と重なっていた期間を証明できれば、松本様ご自身の経験として利用できます。
当時、厚生年金に入っていたか覚えていますか？

入ってました。
その辺、ちゃんとやってくれる社長だったので

それはよかった。
それならば、年金事務所で松本様の年金記録が取得できますよ。その年金記録で、株式会社関東工業での期間が記載されますので、その期間と建設業許可が重なっている期間は、許可業者経験として認められる可能性があります。その期間と松本様の個人及び現在の会社の経験は合算できます。
それで10年以上が認められれば、
松本様が、**専任技術者**になることができます

そうなんですね。
他にもまだ要件があるんですよね？

はい。
社会保険はすでに入られているようですね。
従業員の**雇用保険**は加入されていますか？

はい、加入しています

わかりました。
確か、事務所が自宅兼用でしたよね？

はい。**自宅に登記**しています

それは持ち家ですか？ 賃貸ですか？

持ち家で1戸建です。3階建で、1階が1部屋なので、そこを事務所として使用しています

生活圏と完全に分かれている部屋であれば自宅兼用でも適切な営業所として認められる可能性があります

そうですか。それはよかった

次に**財産要件**です。
500万円以上のお金を準備する力があるかどうかは、直近の確定申告書で要件を満たせていれば大丈夫です。
そうでない場合は、申請日から1カ月以内の日付で500万円以上残高があるとする内容の残高証明書を銀行に発行してもらう必要があります

多分、大丈夫かと思います

そうですか。現在御社の取締役は代表者様を含めて何人おられますか？

私と妻の2人です

お二方について恐縮ですが、
この数年において**犯罪行為**をしたことはありますか？

いえいえ、まったくないです（笑）

大変失礼しました。
実は**欠格要件**というのがございまして、
これに当てはまると許可を受けることができません

その件については大丈夫です

以上ですが、ご質問はございますか？

もし要件をすべて満たせていたら、
どれくらいで許可は出ますか？

東京都の場合では、申請書を受理してから
おおむね30日位で許可通知書が発行されます。
今回のような10年の実務経験での取得の場合、
申請書の準備が順調でも1カ月半程かかるので、
最短で2カ月半といったところです
（経験上）

●申請書から許可取得まで

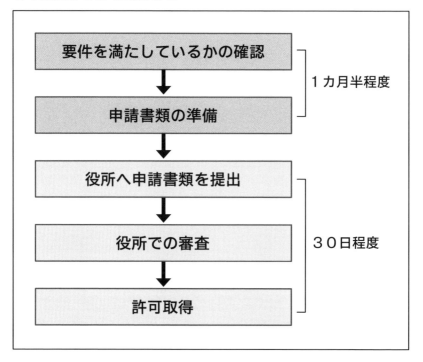

わかりました

後ほど、必要書類の一覧をお送りします

はい、是非お願いします

　以上が、建設業許可のご相談でのやり取りの一例となります。

筆者の失敗話 ❶

印刷が・・・

私「お客様の住所などの基本情報はこちらの書式にご記入してください。あと資格証のコピーをお送りください」

―― 数日後、FAX にてお客様の基本情報が届く。

私「少し画像があらいなぁー (^-^;　…えーと草野勝」

資格証のコピーも届いている。

私「ふむふむ、この資格証なら大丈夫だ…似たような名称の資格証があったりするからね。ものを見てからでないとね」

申請書が作成出来たので、お客様先に行って押印もらってこよう（いやぁー順調）。

訪問時に、草野さんは不在でしたので、資格証原本は後日郵送しますということで、押印を完了して事務所に戻る。

―― 数日後、原本が届いた。では、さっそく申請！ 窓口にて、原本提示（キリッ）。

＊平成時代は専任技術者証明書は『押印書類』で、申請時に窓口で資格証など『原本』を提示していた。

担当者「ふむふむ、確かに今回取得予定の業種に合致している資格ですね。ただ…草冠が割れています…」

私「なに！！！！」

おそるおそる、資格証原本の名前の所をまじまじと…あぁ割れてる…

担当者「どうしますか？ ここ以外に申請書類は何も訂正箇所もないですし、受理可能な状況ですが…」

私「(無念) 訂正します（涙）」

二重線で消してその上に"草冠が割れている草"に書き換えました。それ以降、要件確認から可能な限り『原本』を預かるようになりました。

❷まとめ──
【建設業許可を取得するための要件】

- ☑ **建設業の経営経験 5 年以上の取締役がいる**
  （新法にて管理体制でも認める場合がある）

- ☑ **取得する工事業種の技術力のある人がいる**

- ☑ **適切な営業所を構えている**

- ☑ **建設業を営むための財産能力がある**

- ☑ **社会保険（健康保険と厚生年金）と雇用保険**
  （適用除外の場合あり）**に加入している**

- ☑ **事業主、取締役、株主などに欠格事由に該当する人がいない**

- ☑ **現在まで建設業を誠実にやっていた（誠実性）**

となります。

　次の章では、書類の準備から作成、申請までの流れのお話をします。

第2章

書類集めから
許可取得まで

① 建設業許可とは？
なぜ建設業許可が必要か？

改めて、**建設業許可**について順を追って説明します。

建設業許可とは

1．建設業許可の目的

建設業法第一条

　この法律は、建設業を営む者の資質の向上、建設工事の請負契約の適正化等を図ることにより、建設工事の適正な施工を確保し、発注者を保護するとともに、建設業の健全な発達を促進し、もって公共の福祉の増進に寄与することを目的とする。

　第一条の目的の第1は手抜き工事などの不良工事を防止することと、適正な施工を実現し、発注者の保護をすることにあります。

　第2は、建設業の健全な発達を促進することにあります。

　建設業は、住宅、道路、ビル（事務所）などの個人生活や社会インフラとなる諸施設の整備を担う重要な産業であり、国民経済と非常に密接に関わっています。

　それ故に建設業が調和のとれた産業として発展していくことは公益性の面からも重要です。

　この2つの目的は、相互に密接な依存関係にあり、両者とも公共の福祉に寄与することを目的にされているといえます。

　そして、これらの目的達成手段として、建設業法に**建設業の許可制度**が制定されました。

２．建設業許可が必要となる工事

　建設業許可がないと建設工事を請負うことができないのかというとそうではありません。ここでは、建設工事が必要となる工事について説明します。

建設業法第三条

　建設業を営もうとする者は、次の表に掲げる工事（軽微な工事）を除き、すべて許可の対象となり、建設業の種類（29種類）ごとに、**国土交通大臣又は都道府県知事の許可を受ける必要**があります。

● 許可を受けなくてもできる工事（軽微な建設工事）

建築一式工事以外の建設工事	1件の請負代金が500万円未満の工事（消費税込）
建築一式工事で右のいずれかに該当するもの	（1）1件の請負代金が1,500万円未満の工事（消費税込） （2）請負代金の額にかかわらず、木造住宅で延べ面積が150㎡未満の工事（木造住宅とは、主要構造部が木造で、延べ面積の1/2以上を居住の用に供するもの）

【注】請負代金の考え方について

*一つの工事を2つ以上の契約に分割して請負うときは、各契約の請負代金の額の合計額となります（工事現場や工期が明らかに別である等、正当な理由に基づく場合を除く）。

*注文者が材料を提供する場合は、市場価格又は市場価格及び運送費を当該請負契約の請負代金の額に加えたものが上記の請負代金の額となります。

*建設業法の適用は日本国内であるため、外国での工事等には適用されません。

　請負代金の総額には、工事代金に材料費、運賃などと消費税を含めた金額となります。

建設業法施行令第一条の二

　注文者が材料を提供する場合においては、その市場価格又は市場価格及び運送費を当該請負契約の請負代金の額に加えたものと定めています。

　例えば、工事請負契約にて工事代金を330万円（税込）であったとします。そして、元請から220万円（税込）の資材提供を受けた場合は、330万円＋220万円＝550万円が請負代金となります。

3．建設業許可の種類

　建設業許可は業種で29種類に種別されています。

略号	建設工事の種類	建設業の種類	内　容	例　示
土	土木一式工事	土木工事業	原則として元請業者の立場で総合的な 企画、指導、調整の下に土木工作物を建 設する工事であり、複数の下請業者によって施工される大規模かつ複雑な工事	橋梁、ダム、空港、トンネル、高速道路、鉄道軌道（元請）、区画整理、道路・団地等造成（個人住宅の造成は含まない）、公道下の下水道（上水道は含まない）、農業・かんがい水道工事を一式として請け負うもの
建	建築一式工事	建築工事業	原則として元請業者の立場で総合的な 企画、指導、調整の下に建築物を建設する工事であり、複数の下請業者によって施工される大規模かつ複雑な工事	建築確認を必要とする新築及び増改築 ※建築一式工事のみの許可で、内装工事等、他の業種における軽微ではない工事を単独で請負うことはできません
大	大工工事	大工工事業	木材の加工若しくは取付けにより工作物を築造し、又は工作物に木製設備を取り付ける工事	大工工事、型枠工事、造作工事

左	左官工事	左官工事業	工作物に壁土、モルタル、漆くい、プラスター、繊維等をこて塗り、吹き付け、又は貼り付ける工事	左官工事、モルタル工事、モルタル防水工事、吹付け工事、とぎ出し工事、洗い出し工事
と	とび・土工・コンクリート工事	とび・土工工事業	イ 足場の組立て、機械器具・建設資材 等の重量物の運搬配置、鉄骨等の組立て等を行う工事 ロ くい打ち、くい抜き及び場所打ぐいを行う工事 ハ 土砂等の掘削、盛上げ、締固め等を行う工事 ニ コンクリートにより工作物を築造する工事 ホ その他基礎的又は準備的工事	イ とび工事、ひき工事、足場等仮設工事、重量物の揚重運搬配置工事、鉄骨組立て工事、コンクリートブロック据付け工事 ロ くい工事、くい打ち工事、くい抜き工事、場所打ぐい工事 ハ 土工事、掘削工事、根切り工事、発破工事、盛土工事 ニ コンクリート工事、コンクリート打設工事、コンクリート圧送工事、プレストレストコンクリート工事 ホ 地すべり防止工事、地盤改良工事、ボーリンググラウト工事、土留め工事、仮締切り工事、吹付け工事、法面保護工事、道路付属物設置工事、屋外広告物設置工事（『鋼構造物工事』における「屋外広告工事」以外のもの）、捨石工事、外構工事、はつり工事、切断穿孔工事、アンカー工事、あと施工アンカー工事、潜水工事
石	石工事	石工事業	石材（石材に類似のコンクリートブロック及び擬石を含む）の加工又は積方により工作物を築造し、又は工作物に石材を取り付ける工事	石積み（張り）工事、コンクリートブロック積み（張り）工事
屋	屋根工事	屋根工事業	瓦、スレート、金属薄板等により屋根をふく工事	屋根ふき工事、屋根一体型の太陽光パネル設置工事

電	電気工事	電気工事業	発電設備、変電設備、送配電設備、構内電気設備等を設置する工事	発電設備工事、送配電線工事、引込線工事、変電設備工事、構内電気設備（非常用電気設備を含む）工事、照明設備工事、電車線工事、信号設備工事、ネオン装置工事（避雷針工事）、太陽光発電設備の設置工事（『屋根工事』以外のもの）
管	管工事	管工事業	冷暖房、冷凍冷蔵、空気調和、給排水、衛生等のための設備を設置し、又は金属製等の管を使用して水、油、ガス、水蒸気等を送配するための設備を設置する工事	冷暖房設備工事、冷凍冷蔵設備工事、空気調和設備工事、給排水・給湯設備工事、厨房設備工事、衛生設備工事、浄化槽工事、水洗便所設備工事、ガス管配管工事、ダクト工事、管内更生工事、（配水小管）
タ	タイル・れんが・ブロック工事	タイル・れんが・ブロック工事業	れんが、コンクリートブロック等により工作物を築造し、又は工作物にれんが、コンクリートブロック、タイル等を取り付け、又は貼り付ける工事	コンクリートブロック積み（張り）工事、レンガ積み（張り）工事、タイル張り工事、築炉工事、スレート張り工事、サイディング工事
鋼	鋼構造物工事	鋼構造物工事業	形鋼、鋼板等の鋼材の加工又は組立てにより工作物を築造する工事	鉄骨工事、橋梁工事、鉄塔工事、石油、ガス等の貯蔵用タンク設置工事、屋外広告工事、閘門、水門等の門扉設置工事
筋	鉄筋工事	鉄筋工事業	棒鋼等の鋼材を加工し、接合し、又は組み立てる工事	鉄筋加工組立て工事、鉄筋継手工事
舗	舗装工事	舗装工事業	道路等の地盤面をアスファルト、コンクリート、砂、砂利、砕石等により舗装する工事	アスファルト舗装工事、コンクリート舗装工事、ブロック舗装工事、路盤築造工事
しゅ	しゅんせつ工事	しゅんせつ工事業	河川、港湾等の水底をしゅんせつする工事	しゅんせつ工事
板	板金工事	板金工事業	金属薄板等を加工して工作物に取り付け、又は工作物に金属製等の付属物を取り付ける工事	板金加工取付け工事、建築板金工事

ガ	ガラス工事	ガラス工事業	工作物にガラスを加工して取り付ける工事	ガラス加工取付け工事、ガラスフィルム工事
塗	塗装工事	塗装工事業	塗料、塗材等を工作物に吹き付け、塗り付け、又は貼り付ける工事	塗装工事、溶射工事、ライニング工事、布張り仕上工事、鋼構造物塗装工事、路面標示工事
防	防水工事	防水工事業	アスファルト、モルタル、シーリング材等によって防水を行う工事（※建築系の防水のみ）	アスファルト防水工事、モルタル防水工事、シーリング工事、塗膜防水工事、シート防水工事、注入防水工事
内	内装仕上工事	内装仕上工事業	木材、石膏ボード、吸音板、壁紙、畳、ビニール床タイル、カーペット、ふすま等を用いて建築物の内装仕上げを行う工事	インテリア工事、天井仕上工事、壁張り工事、内装間仕切り工事、床仕上工事、たたみ工事、ふすま工事、家具工事、防音工事
機	機械器具設置工事	機械器具設置工事業	機械器具の組立て等により工作物を建設し、又は工作物に機械器具を取り付ける工事※組立て等を要する機械器具の設置工事のみ※他工事業種と重複する種類のものは、原則として、その専門工事に分類される	プラント設備工事、運搬機器設置工事、内燃力発電設備工事（ガスタービンなど）、集塵機器設置工事、トンネル・地下道等の給排気機器設置工事、揚排水機器設置工事、ダム用仮設備工事、遊技施設設置工事、舞台装置設置工事、サイロ設置工事、立体駐車設備工事
絶	熱絶縁工事	熱絶縁工事業	工作物又は工作物の設備を熱絶縁する工事	冷暖房設備、冷凍冷蔵設備、動力設備又は燃料工業、化学工業等の設備の熱絶縁工事、ウレタン吹付け断熱工事
通	電気通信工事	電気通信工事業	有線電気通信設備、無線電気通信設備、放送機械設備、データ通信設備等の電気通信設備を設置する工事	電気通信線路設備工事、電気通信機械設置工事、放送機械設置工事、空中線設備工事、データ通信設備工事、情報制御設備工事、TV電波障害防除設備工事
園	造園工事	造園工事業	整地、樹木の植栽、景石の据付け等により庭園、公園、緑地等の苑地を築造し、道路、建築物の屋上等を緑化し、又は植生を復元する工事	植栽工事、地被工事、景石工事、地ごしらえ工事、公園設備工事、広場工事、園路工事、水景工事、屋上等緑化工事、緑地育成工事

井	さく井工事	さく井工事業	さく井機械等を用いてさく孔、さく井を行う工事又はこれらの工事に伴う揚水設備設置等を行う工事	さく井工事、観測井工事、還元井工事、温泉掘削工事、井戸築造工事、さく孔工事、石油掘削工事、天然ガス掘削工事、揚水設備工事
具	建具工事	建具工事業	工作物に木製又は金属製の建具等を取り付ける工事	金属製建具取付け工事、サッシ取付け工事、金属製カーテンウォール取付け工事、シャッター取付け工事、自動ドアー取付け工事、木製建具取付け工事、ふすま工事
水	水道施設工事	水道施設工事業	上水道、工業用水道等のための取水、浄水、配水等の施設を築造する工事又は公共下水道若しくは流域下水道の処理設備を設置する工事	取水施設工事、浄水施設工事、配水施設工事、下水処理設備工事
消	消防施設工事	消防施設工事業	火災警報設備、消火設備、避難設備若しくは消火活動に必要な設備を設置し、又は工作物に取り付ける工事	屋内消火栓設置工事、スプリンクラー設置工事、水噴霧、泡、不燃性ガス、蒸発性液体又は粉末による消火設備工事、屋外消火栓設置工事、動力消防ポンプ設置工事、火災報知設備工事、漏電火災警報器設置工事、非常警報設備工事、金属製避難はしご、救助袋、緩降機、避難橋又は排煙設備の設置工事
清	清掃施設工事	清掃施設工事業	し尿処理施設又はごみ処理施設を設置する工事	ごみ処理施設工事、し尿処理施設工事
解	解体工事	解体工事業	工作物の解体を行う工事 ※それぞれの専門工事で建設される目的物について、それのみを解体する工事は各専門工事に該当する ※総合的な企画、指導、調整のもとに 土木工作物や建築物を解体する工事は、それぞれ土木一式工事や建築一式工事に該当する	工作物解体工事

4. 大臣許可と知事許可

　契約や見積りをする営業所が複数の都道府県にまたいである場合は、**大臣許可**を取得する必要があります。

　1つの都道府県の営業所のみで契約・見積りを行うのであれば**知事許可**を取得することになります。

　許可要件はどちらでも同じですが、大臣許可の場合は複数の営業所で要件を満たす必要があるため、人員がより多く必要になります。

◉ **東京本店と大阪支店で建設業を営む場合 ➡ 大臣許可**

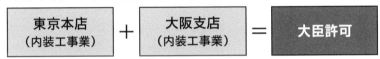

◉ **東京本店だけが建設業を営む場合 ➡ 知事許可**

　建設業を複数の都道府県で営む場合は、**大臣許可**となり、1つの都道府県のみで建設業を営む場合は、**知事許可**となります。

　ここで、建設業の許可要件をまとめてみますと

---

① **建設業の経営管理をする体制が整っている**

② **営業所に技術力のある人がいる**

③ **工事を請負う財産能力がある**

④ **工事の見積、契約を行う適切な営業所を構えている**

⑤ **社会保険に加入している**（一部例外あり）

⑥ **役員や事業主等が欠格事由に該当していない**

⑦ **これまで建設業を誠実に営んできた**

となります（詳細は 49ページ参照）。

5. 一般建設業許可と特定建設業許可

　どちらも500万円以上の工事を請負うことができる点は同じですが、1つの工事を元請で契約した際に、下請に出す金額総額が4,500万円（税込）以上となる場合は、特定建設業許可を取得する必要があります（**「特定」が必要なのは元請業者のみです**）。

　そして、特定建設業許可は、大規模な工事の完成を請負うことから、注文者と下請業者が安心して契約できるように、一般建設業許可と比較して、先ほど挙げました要件の内、②と③がより厳しく規定されています（詳細は 49 ページ参照）。

●下請契約金額の制限（令和5年1月1日から施行）

元　　請	
※工事の全部又は一部を下請に出す場合の下請契約金額の制限〔消費税込〕	
特 定 建 設 業	一 般 建 設 業
① 4,500万円以上 （建築一式は 7,000万円以上。複数の下請業者に出す場合はその合計額）	① 4,500万円未満 　（建築一式は 7,000万円未満） ② 工事の全てを自分（自社）で施工

（※二次以降の下請に対する下請契約金額の制限はありません。）

ア　契約書等において、事前に発注者（施主）の承諾を得た場合以外は工事の全部を下請に出すことはできません〔法第22条〕。

イ　公共工事の入札及び契約の適正化の促進に関する法律〔平成12年法律第127号〕では、公共工事における一括下請が禁止されておりますのでご注意ください。なお、一括下請の禁止は二次以降の下請にも同様に適用されます。

ウ　当初下請契約の合計金額が、契約変更後に4,500万円（建築一式は7,000万円）を超えてしまう場合は、変更契約が締結される前に特定建設業の許可へ切り替えなければなりません。

　以上、建設業許可について全体的なイメージはつかめて頂けましたでしょうか？

困ったお客様　　　ケース❶

音信不通だけど

［Aさん：法人で6年位。資格はないので、10年の実務のみ］

- -

＊電話相談の場合、会社情報などは、電話終了後にメールのやり取りで頂くことになります。そのため、ご相談者から返信が無ければどうにもならないことも多いです。

私「それでは、A様の要件確認に必要な資料等一覧をお送りします。あと、A様とA様の会社情報を記入いただくファイルもお送りしますので、ご記入頂きましたらご返送よろしくお願いします」

Aさん「おう、わかった。すぐ送るから、すぐに建設業許可とってくれ」

私「先ほどもお話しましたが、確認の結果、要件が満たさない場合は建設業許可ご取得できないので、その旨ご理解ください」

Aさん「いいから頼むよ」

　　2カ月経過するも何も返信がない———

　　最初の連絡から3カ月目に入ろうかという時期に

Aさん「建設業許可の件どうなってるんだ！」

私「はい？ 何も進められませんが」

Aさん「はぁー3カ月も何もしてないのか！ ひどいじゃないか！」

私「あの、A様から何も資料が届いておりません。ちなみに、私はA様のお名前以外、何もわからない状況です。（もっと言うとフルネーム及び漢字もわからない）」

Aさん「何もわからないと何もしないのか!!」

私「何をどうするのかご教示ください。現場もわからない、何の工事を
するのかわからない、で、着工はできるのですか?」

Aさん「…うっ…もう頼まん!」(ガチャ!!)

そこから2週間ほど経過して―――

Aさん「あの、俺の会社は建設業許可取れないと言われたけど…」

私「私は、A様の資料を何も見てないので、何も回答のしようがないで
すが…」

Aさん「他の事務所に何カ所か聞いたけど、要件とかいうのが足りない
とか言われた…(しょぼん)」

私「資料等を見せての判断であればその可能性が高いかもです」

Aさん「資料送るから見てくれ」

私「(しぶしぶ)わかりました…必要な情報や資料の一覧をお送りします
ので」

Aさん「お願いします」

1週間後に資料等が届く―――

かなり手ごわい状況でありましたが、補強資料等を用意して行政の窓
口に相談して進めた結果、無事に建設業許可を取得。

それ以降、決算変更届の案内を出しても反応なし。

＊連絡が途絶える人にこのパターンが多かったですね。
電話で話をしているからというのは通用しませんので、電話相談後に
必ずメールをするようにしましょう。何月何日にこちらからこういう
メールをしています。それに対して何も返信がないですよね、と言え
る状況を作っておくと良いです。

❷ 許可取得の前に立ちふさがる2つの高いハードル──

【経営業務管理責任者と専任技術者】

＊経営業務の管理責任者は現在「常勤役員等」と表現されていますが、わかりやすくするため、この本では「経営業務管理責任者」と表記します。

　桂行政書士に相談して、松本社長はいよいよ建設業許可取得に向けての資料準備を始めた。

　桂行政書士から聞いた建設業許可取得の要件のうち、特に高いハードルが次の2つ──

---

① 建設業の経営経験が5年以上あること

　➡ 経営業務管理責任者（以降、「経管」）

　　＊法改正にて常勤の役員等とされているが、現場では相変わらず「経管」と言われているので、本書でも「経管」と称します。

② 取得する工事業種の技術力があること

　➡ 専任技術者（以降、「専技」）

---

　①について、会社の取締役期間は今、自分でやっている会社が令和1年6月23日からなので、最大で4年ほどなので、個人事業主期間を合算して5年以上にする必要がある。そして、建設業許可が無いので、この期間で5年以上工事をやっていたことを証明する工事の実績資料が必要とのこと。

＊許可業者経験の場合は、資料がかなり少なくて済む場合が多いです。

その工事の実績資料として言われたのが

> 1. 工事請負契約書
>
> 2. 工事請書か注文書
>
> 3. 請求書

（電子契約である場合を除く）押印のない工事請書、注文書と請求書の場合は、入金確認ができる資料が必要（銀行通帳など）。

注意！ 申請時にはコピーでよいのですが、確認作業する時には『原本』を預かることが重要です。お客様のリソースを隅々まで見ることで許可の可能性を探ることができます。

この中で手元にありそうなのは「**3**」だな。ということで、過去5年分以上の請求書原本と銀行通帳原本を探さないといけないな…

しかも、請求書があっただけではだめで、

> ◎ 請求書の内容から、工事であることが読み取れること。
>
> ◎ 金額が低額すぎると1カ月の実績として認めてもらえない。
>
> ◎ 請求金額と入金金額に差額がある場合はその説明資料が必要になる場合がある。
>
> ◎ 人工 [注] の請求書は経営経験として認められない。

　前記について、改めて確認しながら、条件に合う請求書を見つけるのが大変そうだ。

　　〔注〕**人工（にんく）**
　　工事現場で1日働いた人の人件費のことを指す言葉です。
　　建設業の経営経験は、打ち合わせ、見積りの提出、契約書の締結、工事施工、請求の一連の行為を指すと考えられています。
　　そのため、人工計算の請求書だと、現場作業のみをしたと考えられ、建設業の経営経験としては認めないという運用がされています。

　　——この条件に合う請求書を60カ月以上分用意できるのだろうか、先行き不安だな…。

＊各年で、条件に合う請求書が1月から12月分を用意する必要があります。間が空いても2カ月以内であれば途切れずに連続しているとみてもらえます。

● **実務経験資料の準備方法**（東京都）

請求書等
（契約書・注文書・請書含む）

◎原則、**1月1件で1カ月分の経験**と数えます（累計）。
（請求書等の発行月で判断します）

◎**経営経験（経管者）**証明時は、請求書等は、<u>建設業で
あることが（業種は問わない）</u>、件名や見積書や内訳
書等からわかる必要があります。
また、**見積書・打合せ記録・工期のわかる資料**等があ
れば、**その期間全て経営経験に数えることができます**
（同一案件に限る）。
《例》平成28年1月に見積書発行～平成28年3月に請求
　　　書発行の場合、3カ月分の経験と数えます。

◎**実務経験（専任技術者）**証明時は、請求書等は、<u>証明
したい業種であること</u>が、件名や見積書や内訳書等か
らわかる必要があります。
また、**工期のわかる資料**がある場合のみ、**その工期を
全て実務経験に数えることができます**（同一案件に限
る）。この場合、請求月が工期と異なる時は含めません。

＊1件の工期が著しく短い場合は、1カ月に複数の工事経験が
あることのわかる資料を追加してください（建設業を主とす
る会社である場合は確定申告書の売上高等で可）。

「請求書等」と「入金確認資料」を、**1カ月ずつ1セット**にする。
この際、可能な限り入金額と請求金額（契約金額）が合うようにする。
◉複数件まとめて入金している場合は、合算した請求書を全て間に挟む
か、入金の内訳表を作成して間に挟む。
◉見積書や工期資料、その他その案件に関する参考資料は、全て請求書
等と入金確認資料の間に挟む。

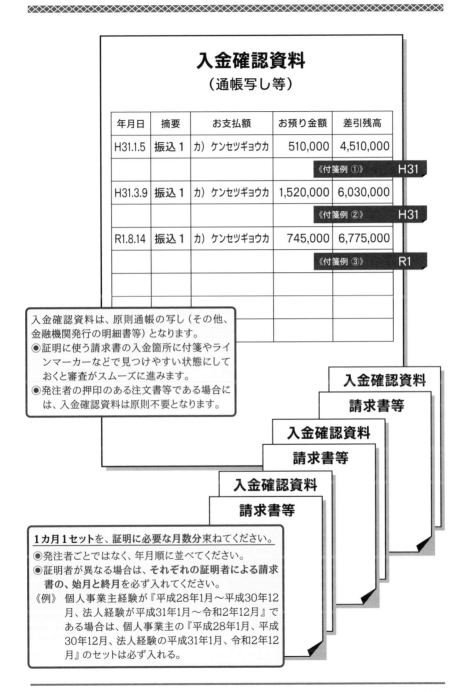

入金確認資料
（通帳写し等）

年月日	摘要	お支払額	お預り金額	差引残高
H31.1.5	振込1	カ）ケンセツギョウカ	510,000	4,510,000
			《付箋例①》	H31
H31.3.9	振込1	カ）ケンセツギョウカ	1,520,000	6,030,000
			《付箋例②》	H31
R1.8.14	振込1	カ）ケンセツギョウカ	745,000	6,775,000
			《付箋例③》	R1

入金確認資料は、原則通帳の写し（その他、金融機関発行の明細書等）となります。
◉ 証明に使う請求書の入金箇所に付箋やラインマーカーなどで見つけやすい状態にしておくと審査がスムーズに進みます。
◉ 発注者の押印のある注文書等である場合には、入金確認資料は原則不要となります。

入金確認資料
請求書等

入金確認資料
請求書等

入金確認資料
請求書等

1カ月1セットを、証明に必要な月数分束ねてください。
◉ 発注者ごとではなく、年月順に並べてください。
◉ 証明者が異なる場合は、**それぞれの証明者による請求書の、始月と終月を必ず入れてください**。
《例》 個人事業主経験が『平成28年1月～平成30年12月、法人経験が平成31年1月～令和2年12月』である場合は、個人事業主の『平成28年1月、平成30年12月、法人経験の平成31年1月、令和2年12月』のセットは必ず入れる。

【重要な変更点】

用意する請求書等について、これまでは証明に必要な月数分（原則<u>1月1件</u>）必要でしたが、「経営経験・実務経験期間確認表」の提出をもって、請求書等の年月の間隔が四半期（3カ月）未満であれば、間の<u>請求書等の提示・提出を省略</u>できます。（詳細は以下参照）

● 経営経験・実務経験期間確認表

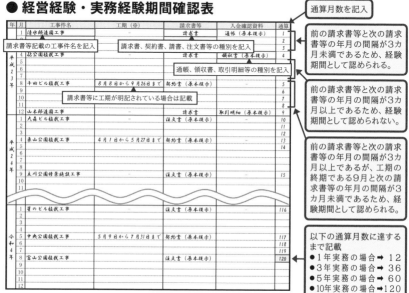

※【機械器具設置工事（専任技術者）の場合】

工期の全てではなく、現場での**機械の組立・設置工事期間のみ**を実務経験期間とします。

➡請求書等に加えて、**工程表等**現場で機械を組み立て・設置工事を行っていることが確認できる資料が別途求められることが多いです。

〔基本的な記入方法〕

◎ 請求書等は、証明しようとする期間の全てを含むこと。

《例》平成24年1月から令和3年12月の10年間を証明しようとする場合、平成24年1月以前の請求書等と令和3年12月以降の請求書等が必要。

◎ 請求書等の年月の**間隔が四半期（3カ月）未満**であれば、**間の請求書等の提示を省略**することができる。

《例》平成24年1月と平成24年4月の請求書等がある場合、平成24年2月・3月分の提出・提示は不要。

● 経験期間の計算例

証明者	確認できた期間		経験年数	
	在　籍	請求書等		
ア 個人事業主	平成29年1月1日 〜令和2年4月15日	平成29年1月 〜令和2年4月	平成29年1月 〜令和2年3月	満3年3月
イ 法人（A）	令和2年4月16日 〜令和4年10月5日	令和2年5月 〜令和4年10月	令和2年5月 〜令和4年9月	満2年5月

ア 個人事業主　平成29年1月、令和2年4月　⎫
イ 法人（A）　　令和2年5月、令和4年10月　⎭ のセットは必ず入れる。

＊個人事業主の令和2年4月の請求書等は4月15日までしか経験としてみられません。月途中から（まで）の在籍では1月分とはみられませんので、ご注意ください。

＊最初の月や最後の月がカウントされない場合もあり、また金額によっては1カ月として採用されない場合もあるので、できる限り多くの資料を用意しておくと安心です。（令和5年東京都の手引きによる場合）

　次に、②だが、今回欲しい工事業種は内装仕上げだから、1級建築施工管理技士、2級建築施工管理技士（仕上げ）といった資格を持っていれば、その合格証の提示で済むのだけど、私自身含めて今、会社内で資格を持っている人が誰もいない…そうなると①同様に工事実績資料を揃える必要があるとのこと。

> ただ、「経管」と「専技」を兼ねる
> 場合は同じ工事資料で大丈夫ですよとのこと
> だったよなぁー

　そういえば、許可のある会社で働いていたことが証明できれば、その期間と今の会社での実績も合算できるとの話だから、前に勤めていた会社に聞いて確認してみよう。

　幸いにも、そこの社長とは今も連絡を普通に取り合っている（取引関係にある）。

◉ 専任技術者の実務経験で必要となる期間

　指定学科の卒業経験がない場合は**10年以上**、指定学科を卒業している場合、大学・短大などの場合は**3年以上**、高等学校などの場合は**5年以上**の実務経験が必要です。

　「指定学科」については、[巻末資料／**❷有資格コード一覧**]をご覧ください。

コラム

　令和5年7月1日より、一部の資格が指定学科卒業と同じ効果をもつようになります。

◉ **1級○○施工管理技士（管理技士補）➡ 資格取得後3年の実務経験**

◉ **2級○○施工管理技士（管理技士補）➡ 資格取得後5年の実務経験**

となります。

　この条件を満たせば資格以外での工事業種の専任技術者になることが可能です。

▶詳細な資格の対応は、「巻末資料」（120ページ）をご確認ください。

《例》2級建築施工管理技士（躯体）を取得してから、内装工事の実務経験5年分を証明できると、内装工事の専任技術者として認定されるようになります。

　ということで、最初にやれそうなのは、前の会社の在籍期間と許可情報の確認だな

　以前勤めていた会社の在籍期間の確認資料として、年金記録とのことだったので、近所の年金事務所に**年金記録（被保険者記録照会回答票）**が欲しい旨を電話で伝えたら、ご自身の年金番号がわかれば大丈夫とのこと。

　記入する用紙や手続きの流れは窓口にて対応しますとのことなので、早速、近所の年金事務所に出向き、取得してきた。

● 年金記録回答票（被保険者記録照会回答票）の例［A4版］

被保険者記録照会回答票

令和○○年○○月○○日現在の加入記録です。

住　　所　〒　△△県■■××　1-1-1

氏　　名　　○○　○○

日本年金機構
○○　年金事務所
生年月日　　昭和○○年・○○月○○日
性　　別　　●
基礎年金番号　○○○○○

年金手帳記号番号
国民年金　　　　　　　厚生年金　　　　　　　船員保険

制度	お勤め先の名称又は 共済組合等	取得年月日	喪失年月日	月数
厚年 国年	○○○株式会社 国民年金	昭和○年○○月○○日 平成○年○○月○○日	平成○年○○月○○日	○ ●

国民年金					厚生年金保険		船員保険		被保険者期間 合　計
納付済月数	全額免除 月　数	半額免除 月　数	学生納付 特例月数	合計	月数	期間	月数	期間	
●				●	○	○			○○
被保険者対象月数				●					

備考欄

筆者の失敗話 ②

機能が・・・

＊専任技術者の在籍確認は、健康保険証の場合、健康保険証の資格取得日を"起算日"としていると理解していたころの話――

　専任技術者の交代をするということで、専任技術者交代の変更届の準備を進めていました。

　今回の専任技術者になる方は資格を持っていないけど、依頼された会社は建設業許可を取得して20年以上の会社。しかも、今回の交代予定の方は15年以上勤務している――（うむ、今回は安定のパターン）。

私「許可期間と在籍期間が10年重なっていれば、専任技術者の経験要件が満たせます。在籍確認として、該当者の方の健康保険証のコピーをお送りください」

　コピー届く。チェック開始‼ 事業者名入ってる、資格取得日が12年前の日付、許可期間と10年以上重なっている――要件満たせてる。

　という訳であっという間に変更届書類完成。サー窓口に提出 (^^♪

担当者「今回は自社経験ということですね」

私「はい」

担当者「そうですか、そしたら、年金記録が必要になりますね、今回は」

私「えぇ！ なんで？ 事業者名あるし、健康保険証の資格取得日から10年あるよ」

担当者「この健康保険証…確かに事業者名が書かれていますが、健康保険組合の健康保険証なんですよ。健康保険証の資格取得日を起算日にできるのは、協会けんぽだけなので…」

私「そうなの！」

担当者「はい。在籍期間というのは言い換えると、厚生年金に加入している期間となります。協会けんぽだと厚生年金とセットで加入しますが、組合の場合だと、まれに日付がずれることがありますので」

私 「そうなんですか…（涙）」

担当者 「ということで大変お手数ですが、年金記録の提出お願いします」

私 「承知しました」

　ご依頼の会社に事の経緯を話して、年金記録をお願いしました。

　幸いにもネットで取得できたので、その場で受取り、その足で都庁に持ち込みして受理されました。

　『健康保険証』としての機能は同じですが、『確認資料』としての機能に違いがあるとは…。

＊『常勤資料』としては、同じ機能です。

　取得した年金記録で、厚生年金の期間が在籍期間となるのだが、前の会社である株式会社関東工業の行を見ると、

資格取得日：平成 16 年 4 月 1 日

資格喪失日：平成 22 年 12 月 31 日

となっていた。

　そうしたら、**株式会社関東工業の社長**に、最初に建設業許可を取得した年月日を聞いてみよう。

もしもし、高田社長。松本です

おー、松本じゃないか！ どうした？

実は私も建設業許可を取得しようと思いまして。
それで、技術者の経験で高田社長の所で働いていた
期間が使えるかもしれないんですよ

うん、そうか。
それで、俺は何をしたらいいんだ？

ありがとうございます。
社長の会社で内装仕上げ工事の建設業許可を
何年何月何日に取得したかわかりますか？

うーん、俺じゃわからないな、
総務の田村ならわかると思うから、田村に言って、
松本に連絡するように伝えておくよ

はい。大変助かります

実はな、うちの会社も最近、元請から下請に出す際は
建設業許可持っている所以外に出さないようにと言わ
れていて、松本にもその連絡をするつもりでいたんだ。
だから、建設業許可を松本が取得してくれるとうちも
助かるから頑張れよ！

はい！ ありがとうございます

　30分後 ——— （こういう時の待ち時間はものすごく長く感じ
るものです）

もしもし、松本さんですか？ 田村です

はい、お世話になります

社長から連絡があった件です。
うちが最初に内装仕上げ工事の許可取得したのは
平成2年4月15日です

ありがとうございます
（私の誕生日じゃないか！）

それと、
当時から直近分の許可通知書はデータで
保存してあるから、
これらもメールで送っておきますね

重ね重ね大変助かります！

（株）関東工業に在籍していた期間が、
平成16年4月1日〜平成22年12月31日。
（株）関東工業の内装仕上げ工事の許可取得日が、
平成2年4月15日で、現在も有効。

　これで、松本さんは、「6年9カ月」は許可業者経験があることになります。そうなると、あと「3年3カ月以上」の工事実績を証明できれば専任技術者の実務要件が満たせることになります。

　さて、引き続き自社と個人時代での建設業の工事実績5年分以上の資料を揃えないと。しかし、10年以上を揃えることを考えたら少し気が楽になった。

令和1年6月23日に会社を設立して、今、
4期目だから、4年近くは会社の実績でとれるかも
だけど、経営経験は5年以上必要だって言ってたよな…
足りない分は個人時代の経験を追加していくしかないな。
さきほど探したら、やはり税理士先生にお願いして
からの3期分の確定申告書しか残っていなかった…
でも、これを全部合算すれば私自身の経験は
最大で7年分ぐらいになるのか

　では、個人時代の請求書と銀行通帳、会社の請求書などの資料を…整理をきちんとしてこなかったので、書類の山から探しだすのにかなりの苦労をこの後することになる。

　どうにかこうにか個人と会社の合計で、過去6年分位の請求書を引っ張り出してきて、その期間の通帳原本も見つけたことを桂行政書士に連絡。そうしたら、「それを全部、送ってください」と言われたので、そのままごそっと送った。あと、個人時代の確定申告書2年分（平成29年と平成30年）と、株式会社関東工業からもらった建設業許可通知書のコピーもすべて同封した。
　桂行政書士は、松本社長には2週間位…もしかしたらもう少しかかるかも、と伝えた。それと、「通帳から抜き出し作業を行いまして、そしてその内容を精査したのちに、必要期間分があるかどうか改めて連絡します」と言われた。

　桂行政書士は、松本社長から段ボール2箱分の請求書と銀行通帳が届いたので、仕分け・確認作業を開始した。

届いた通帳の冊数を数えると57冊―――

まぁーいつもより少ないか（汗）
まず、確定申告書の内容を確認してみよう

【第1表】の所得の欄で、「給与」欄に金額がないか確認。

【第2表】の源泉の欄も空白であることを確認。

　そして、電子申請をしていたので、税務署の受領印代わりになる税務署が受理したという内容のページがあることを確認。

● 個人事業主の確定申告書

【第1表】　　　　　　　　　　　　　【第2表】

これで、
送付してもらった確定申告書が個人事業主の
確定申告書として認めてもらえそうだな

　電子申告の場合は、税務署の受付画面を印刷したものが受付印代わりになります。

　所得の項目に、給与が計上されている【第2表】で、源泉されている記載があると、その年度は、個人事業主の期間として認めてもらえない可能性があります。

　通帳の日付をみて、順番を付箋で付けて並べ替えていくことからスタート。この作業は1時間ほどで完了。いよいよ本題、請求書だ。

　松本社長が年度ごとに封筒にまとめて送ってくれたので、一番古い平成29年の封筒分から請求日、内容、金額を確認して、証明書類になりそうなもの見つけ、そして、振込箇所を通帳から見つけ出しては、付箋を通帳に付けていき、年月日をデータに入力していく作業を続けた。

➡［経管証明書・略歴と実務経験証明書（東京都）］（52ページ参照）

　この一連の作業を続けること、10日。

　まずは、一通り整理し終え、気が付いた事項をまとめて松本社長に連絡。

　連絡内容の一例は、以下の通り。

> 平成〇年〇月〇日発行の請求書の件名がA邸新築工事となっている。この請求書の見積りがあれば送って欲しい。

＊見積り内容にて内装仕上げ工事をしたことが確認できる場合、このような請求書の件名でも、内装仕上げ工事の実績資料になります。

平成〇年〇月〇日発行の請求書に記載されている金額と振込み金額にて 43,800 円の差額があった。
この差額が発生したことを証明する資料（例えば材料費を相殺したなどの資料）があれば送って欲しい。

などなどで、全部で31カ月分について、追加資料の依頼連絡をした。

桂行政書士から届いたメールを見て、松本社長は改めて請求書の内容などを正確にしておくべきだったなぁーと後悔。
再度連絡を受けた必要書類探しを開始。

しかし、
この整理を自分でやるとなると絶対無理だわ…
しかもどこがポイントになるのかも
わからない…

そこから、奥様の協力もあり、どうにか1週間でお願いされた書類を揃えて、桂行政書士に送付した。

追加書類が届いた桂行政書士は、再度、突き合わせ作業をしていった。
2日後―――

先日は資料のご送付ありがとうございました。
確認作業をしまして、その結果としてなのですが、
追加で頂いた資料を添付しても証明書類にならない
資料がありました。
それで、カウントすると必要となる120カ月（10年）
にあと3カ月分足りなくなる可能性があります。
大変お手数ですが、もう少し追加で送って頂けます
か？

はぁ…
（きちんと書類を作成してなかったからなぁー）
了解しました。
あとどれくらいお送りしましょうか？

最低限3カ月分あればよいのですが、
内容により使用できない資料があるかもしれないこと
を考慮して、
平成31年（令和1年）の個人確定申告書原本と
平成31年1月から会社設立までの期間分
（おおむね6カ月分）の通帳と請求書をお願いできま
すか？

はい、すぐにお送りします

　ただ、前回のやり取りのおかげで押さえ所は何となく分かって
きたので、今回は単に請求書だけでなく、見積りがあるものや費
用相殺した資料や現場協力費の詳細なども一緒に送付した。

困ったお客様 ケース❷

あるある君
［Bさん：相談時法人を設立して3か月目］

＊何を言っても「ある」と答える相談者が一定数います。

その名称の書類があるだけではなく、必要量と内容が伴わないと建設業許可は取れないと話をしても「ある」と答えてきます。

私「一覧にある書類をご用意ください。

それで内容確認をして要件を満たせていれば建設業許可取得の可能性が出ます」

Bさん「ふむふむ、あーこれとかこれとかあるから大丈夫、大丈夫」

私「（このパターンは嫌な予感…）」

—— 2週間後、届いた資料を見ると…予感的中。

《一覧の内容と実際に届いた資料》

● 個人時代の確定申告書で税務署の受付印のあるもの10年分

→ 3年分のみ。しかも受付印があったのは1年分だけ。
電子申告でもない。

● 銀行通帳10年分

→ 4冊（2年分）。後で聞いたら、ほぼ手渡しだったとのこと。

● 会社名の入った有効期限内の土建国保の健康保険証のコピー

→ 会社名が入ってない。しかも期限切れ。
ちなみに、土建国保に会社名を入れてと言えば記載してくれる。

● ○○の資格証

→ 職長訓練の修了証のコピー。
取得したい工事の資格が「ある」と話すので、○○とかでないダメなんですよと説明に対して、「ある」と回答していた。

● 事実上だったので、事業用の賃貸契約書コピー

　→住居専用の賃貸契約書に事務所使用不可と記載あり。
　　事業用契約書もしくは使用目的に事務所と記載されている契約書で
　　ないとダメであることを伝えていたが…

Bさん「一覧に書いてある資料を送ってあるだろう！」

私「お電話でのご説明と、一覧の各書類の注意事項欄にこのような内容
でないと審査は通らないと記載してあります。
その内容に、今回頂いた資料は該当してないんです！」

Bさん「その資料があればいいって言ったじゃないか。
いちいち細かいこと言うな！！」

私「内容が伴った資料があればと説明しましたし、メールにも記載して
さらに一覧にも書かせて頂いてあります」

Bさん「そんなのしらねぇーよ。もういいから資料返せ！！」

私「承知しました」

　──その後はどうなったか知りません。

＊自分都合でしか話をしない人も結構多いです。
　ですので、しつこくそこはこうですと説明と、その後のメールでも詳
細に書くようにしてください。嫌がられるかも…と思われるでしょう
が、結局は自分の身を守るということにつながります。

　資料を送付して4日後、桂行政書士から、「必要月数は揃った
と思います」との連絡があった。

　やれやれ、どうにか自分1人の経験で「経管」と「専技」の経
験要件が満たせるか、よかったよかった。

＊現状でのご自身の経験で、建設業許可取得ができない場合は、要件が満
たす時まで待つか、外部から該当する人を迎え入れるという方法があり
ます。しかし、人選は慎重である必要があります。本当に信頼がおける
人でないと後日トラブルの原因になります。

● 今回の実務経験に基づいて作成した場合の
  経管証明書・略歴と実務経験証明書（東京都）

【常勤役員等証明書】

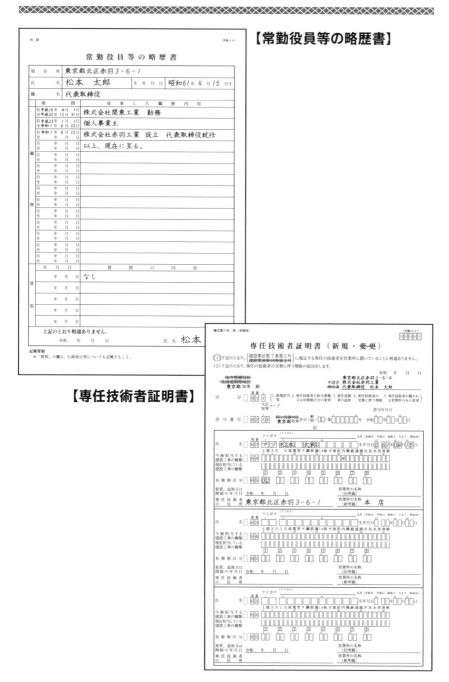

【常勤役員等の略歴書】

【専任技術者証明書】

【実務経験証明書 -1】

様式第九号（第三条関係） （用紙A4）

実 務 経 験 証 明 書

下記の者は 内装仕上 工事に関し、下記のとおり実務の経験を有することに相違ないことを証明します。

株式会社関東工業
東京都知事許可(般-2)第○○○号 建、大、屋、内
許可期間：H2.4.15〜

令和　年　月　日

東京都荒川区 1 - 2 - 3
株式会社関東工業
代表取締役 高田 久

証　明　者

被証明者との関係　元従業員

記

技術者の氏名	松本 太郎	生年月日 昭和61年4月15日	使用された 期 間	平成16年 4 月から 平成22年 12月まで
使用者の商号 又 は 名 称		株式会社関東工業		
職　名	実 務 経 験 の 内 容		実 務 経 験 年 数	
現場施工技術者	赤羽ハウス改修内装工事　他16件		平成16年1月から平成16年12月まで	
現場施工技術者	練馬ガーデンハウス新築内装工事　他14件		平成17年1月から平成17年12月まで	
現場施工技術者	芝パークハイム新築内装工事　他21件		平成18年1月から平成18年12月まで	
現場施工技術者	コープマート東村山店改修内装工事　他28件		平成19年1月から平成19年12月まで	
現場責任者	カラオケマックス赤坂店内装工事　他23件		平成20年1月から平成20年12月まで	
現場責任者	呑み処華麗の池池袋店改修内装工事　他24件		平成21年1月から平成21年12月まで	
現場責任者	リバーサイドハイク改修内装工事　他18件		平成22年1月から平成22年12月まで	
			年　月から　年　月まで	
			年　月から　年　月まで	
			年　月から　年　月まで	
			年　月から　年　月まで	
			年　月から　年　月まで	
			年　月から　年　月まで	
使用者の証明を得ることができない場合はその理由			合　計	

記載要領
1　この証明書は、許可を受けようとする建設業に係る建設工事の種類ごとに、被証明
　作成すること。
2　「職名」の欄は、被証明者が所属していた部署名等を記載すること。
3　「実務経験の内容」の欄は、従事した主な工事名等を具体的に記載すること。
4　「合計 満 年 月」の欄は、実務経験年数の合計を記載すること。

【実務経験証明書 -2】

様式第九号（第三条関係） （用紙A4）

実 務 経 験 証 明 書

下記の者は 内装仕上 工事に関し、下記のとおり実務の経験を有することに相違ないことを証明します。

令和　年　月　日

東京都北区赤羽 2 - 6 - 4
株式会社赤羽工業
代表取締役 松本 太郎

証　明　者

被証明者との関係　役員

記

技術者の氏名	松本 太郎	生年月日 昭和61年4月15日	使用された 期 間	令和 1 年 6 月から 令和 4 年 12月まで
使用者の商号 又 は 名 称		株式会社赤羽工業		
職　名	実 務 経 験 の 内 容		実 務 経 験 年 数	
代表取締役	北区6丁目計画内装工事　他25件		令和1年7月から令和1年12月まで	
代表取締役	板橋陽だまりハウス改修内装工事　他26件		令和2年1月から令和2年12月まで	
代表取締役	介護ハウス憩い富士見台改修内装工事　他29件		令和3年1月から令和3年12月まで	
代表取締役	焼きトン徒然北要町店新築内装工事　他22件		令和4年1月から令和4年12月まで	
			年　月から　年　月まで	
			年　月から　年　月まで	
			年　月から　年　月まで	
			年　月から　年　月まで	
			年　月から　年　月まで	
			年　月から　年　月まで	
			年　月から　年　月まで	
			年　月から　年　月まで	
使用者の証明を得ることができない場合はその理由			合計 3 年 6 月	

記載要領
1　この証明書は、許可を受けようとする建設業に係る建設工事の種類ごとに、被証明者1人について、証明者別に
　作成すること。
2　「職名」の欄は、被証明者が所属していた部署名等を記載すること。
3　「実務経験の内容」の欄は、従事した主な工事名等を具体的に記載すること。
4　「合計 満 年 月」の欄は、実務経験年数の合計を記載すること。

❸ いよいよ 申請書類作成へ── 【その他の必要書類案内】

　ほっとするのもつかの間。桂行政書士は電話口にて、

経験資料の確認は完了しました。
このまま申請書作成もこちらで任せて頂けますでしょうか？

もちろんです。最後までよろしくお願いします

ご依頼ありがとうございます。
そうしましたら、申請のために必要となる資料・情報の一覧をお送りしますので、ご準備お願いします

　電話を終えたその日の夕方に、必要書類・情報一覧がメールにて送られてきた。

● 一覧内容必要書類・情報一覧

	確認欄	必要な情報・書類	備　考	
1		御社の定款コピー		
2		御社の直近3期分の確定申告書一式	コピーで大丈夫です。	
3		松本社長の健康保険証のコピー		

4		先日ご取得された年金記録原本		
5		健康保険・厚生年金領収書コピー	参考資料を添付します。	発行日が直近分のをお願いします。
6		雇用保険申告書と領収書のコピー	参考資料を添付します。	直近年度の分のをお願いします。
7		役員を含めた従業員数		
8		全ての役員の略歴書	記入用ファイルを添付します。	
9		直前決算期間中で施工した工事のうち金額の高い方から10件の工事経歴書	記入用ファイルを添付します。	10件未満の場合はその件数で大丈夫です。業種ごとに作成お願いします。
10		残高証明書原本	必要な場合ご連絡致しますので、ご取得はすぐにしないでください。	
その他必要な書類・情報が出てまいりましたら、ご連絡いたします。				

あと、メール本文の最後に、

> ご送付頂きました書類内容によっては許可要件を満たせない場合もあります。もしくは、追加で資料を頂くこともありますので、その旨ご了承ください。

とあった。

…そうなのか…経験資料だけあれば安泰じゃないのか…建設業許可取得の要件には、「経管」・「専技」以外にもまだあったなぁー…確かに

困ったお客様　　　　ケース❸

前のめりの人
［Cさん：個人で10年、法人設立して半年ほど］

Cさん 「すぐに建設業許可取りたいから、必要なものを言ってくれ、すぐに用意する」

私 「はい、承知しました。

まずはC様の状況を聞かせてもらいたいので、こちらからご質問をさせて頂きたいのですが、よろしいでしょうか？」

Cさん 「いいよ、何でも聞いて！」

――質問のやりとりをした後、必要書類一覧を作成して送付。

私 「伺ったお話にて、現状で必要と思われる資料などの一覧をお送りしますので、特に◎が付いている資料を先にお送りください」

Cさん 「わかった！ よろしく頼むよ」

3週間後――個人時代の確定申告書原本、個人時代の銀行通帳と請求書10年分、法人の確定申告書、請求書と銀行通帳原本現在ある分だけ、定款コピー、Cさん（役員1人の会社）の略歴書――ひとまず、これだけあれば工事の実績経験の調査はできそう…うん？ 金融機関発行の残高証明書が送られてきている…しかも日付を遡って取得しているので、有効期限があと4日しかない…

私 「資料のご送付ありがとうございます、さっそく調査いたしますが、残高証明書が同封されていました。こちらの有効期限があと4日しかないです。なので、大変お手数ですが、許可取得ができるとなりましたら、改めてご取得をして頂くことになります。

また、有効期限がありますので、私から取得をお願いするまでは取得しないで大丈夫ですので」

Cさん 「え、一覧に書いてあったから用意したのに」

ちなみに、Cさんの法人は、資本金10万円でした。

私「一覧の◎があるものだけを先にお送りくださいと書かせて頂いて
　おります。また、残高証明書の備考欄には取得の時期は私からご連絡
　するので、それまでは取得しないでくださいと書いてあります」

Cさん「急いでるから…」

私「付け加えますと、まだ、建設業許可取得できるかの確認も済んで
　おりませんので」

Cさん「急いでいるから…残高証明書の発行は２週間ぐらいかかるかも
　と銀行の人に言われたから急いで準備したんだけど…」

　残高証明書の備考には、残高証明書の有効期限は500万円以上あった
とする日付（証明日）から１カ月以内ですので、すぐにご取得する必
要がないと記載しています。しかも、Cさんは500万円の残高があった
ときの日付にさかのぼって残高証明書を作成依頼しているので、余計に
有効期限が短くなってしまっていました。

**＊残高証明書の発行日から１カ月と勘違いしている人が多いので、
　ご注意。**

私「調査は、順調に進められても２週間はかかることをメールでも
　お知らせしていますので、改めて、その点ご理解のほどよろしく
　お願いします」

Cさん「…はい…」

　調査の結果、ぎりぎりで工事実績資料が揃う状況だったので、申請書
類の準備の進捗状況をみて、Cさんに残高証明書の取得を依頼。
　無事に建設業許可を取得しました。

**＊必要書類一覧の送り方で、先に欲しいものだけを書いて送るという方
　法もあります。せっかちな人で全部書けという方もいます。たいてい
　間違えますが…。
　その場合、一覧に備考欄を設けて詳細に説明を書いておきましょう。
　こちらのミスではない証拠にできます。**

とはいえ進めていかねば。最初に相談してから1カ月ほど経過している。

同じ時期に許可取得に動き出した仲間からは、誰からも建設業許可取得できたという報告はないし、まだ、取れるのかどうかも判定ができていないみたいだった（「何もしていない」は論外です）。

さて、もらった一覧から以下のものはすぐに送った。

● 直近の確定申告書3期分のコピー

● 先日取得した年金記録原本

● 会社の定款のコピー

● 松本社長の健康保険証のコピー

● 直近の厚生年金・健康保険領収書のコピー
　（年金事務所から届く書類）

● 直近年度の労働保険の申告書と領収書のコピー
　（雇用保険）

● 役員を含めた現在の従業員数

● 自宅（営業所）の見取り図
　（建築士からもらった図面があったので、そのコピー）

あと、役員（2名）の略歴書は作成してから後日に送付した。

それと、直近年度の工事経歴書は書き方がわからないと伝えたら「後日訪問するので、その時に書き方を教えます」と言われた。

❹ 取締役と定款

書類を送ってすぐに、桂行政書士から、

> 定款を確認したところ、役員期間が2年となっていました。それで、御社の会社登記を取得して確認しましたら、令和1年に重任登記をされているようなので、役員任期を10年に変更した議事録があるかと思います。そちらのコピーをお送りください

　以前、会社設立をお願いした行政書士が役員任期を2年間で定款作成してそのまま登記してしまったことがあった。

　後日、その行政書士から連絡が来て、任期を10年に変更させてくださいと連絡があったなぁ…

> 議事録を見つけたら後でお送りします。
> 原本ですか？

> コピーで大丈夫ですので、メールでお送りください

> 了解です

　しかし、どこにやったかわからなくなってしまったので、重任登記をお願いした司法書士に連絡してみたところ、役員任期変更の議事録のデータがあるとのことで、それを送ってもらい、桂行政書士に送付した。（後日、倉庫のダンボールから原本発見（汗））

役員は私と妻の二人なので、二人分の略歴を作成して送付したら、すぐに、

押印書類の準備ができましたので、
お伺いしたいと思います。
その際に、営業所の写真撮影をもさせて頂きます

それでしたら、
明後日の木曜日でしたら時間が取れます

わかりました。
そうしましたら、明後日の木曜日にお伺いします。
当日ご用意をお願いしたいものを後ほどメールしますので、ご確認お願いします

メールには、

1. 会社代表者印（法務局に届け出ている印）
2. 役員お二方のお認印
3. 直近年度の工事経歴書
のご用意をお願いします。

と書かれていた。

3 の「工事経歴書」の書き方がよくわからない旨を伝えたところ、訪問時に、作成方法を説明しますとのことでした。

❺ 訪問にて──【押印と営業所の撮影】

訪問日当日──

 先日は、ご来所頂きましてありがとうございます。
早速ですが、押印をお願いします

　と、押印書類を出してきたので、桂行政書士の指示に従い、会社代表者印と私たち夫婦それぞれの認印を押印と署名。聞きなれない書類名が記載されていたので、桂行政書士に尋ねてみる。

 あのー…登記されていないことの証明書というのは
どういう書類でしょうか？

 成年被後見人や被保佐人に該当していないことを
法務局が証明する書類です。簡単な言葉で言いますと、
ご自身できちんと物事の判断ができる人ですという
ことを証明する書類ですかね。
役員になる方が自分で考えて判断ができないと経営も
ですが、取引先にも損失を与えてしまいますから、
そういう方が役員等、会社の意思決定するポジション
に置くことができないのですよ

 ほぉー（なんとなくわかったような…？）
あと、身分証明書という書類は免許証のコピーとは
違うのですか？

 はい。こちらは本籍地住所のある役所から、先ほどの
登記されてないことの証明書と同じように自分で判断
できるし、破産者でもないですということを証明する
書類となります

● 登記されていないことの証明書【サンプル】

登記されていないことの証明書

①氏　名	○○　○○

②生年月日　明治 大正 昭和 平成 令和　西暦　□ □ □✓ □ □　または □　4 2 年　3 月　2 3 日

③住所　都道府県名　東 京 都　市区郡町村名　練馬区
丁目 大字 地番　○○○○　○丁目○番地○号

④本籍　都道府県名　市区郡町村名
□ 国籍　丁目 大字 地番（外国人は国籍を記入）

上記の者について、後見登記等ファイルに成年被後見人、被保佐人とする
記録がないことを証明する。

令和 年 月　日

東京法務局　登記官　　　　　　　　　　山田 太郎

［証明書番号］1234-ABCD-5678

◉ 身分証明書

　本籍地の各区市町村の戸籍事務担当課が発行します。

　経営業務の管理責任者、調書に記載した法人の役員（顧問、相談役、株主等は除く）、本人及び建設業法施行令第3条に規定する使用人が、成年被後見人又は被保佐人とみなされる者に該当せず、破産者で復権を得ない者に該当しない旨の区市町村の証明書。

● 参考例

身分証明書

本　　　籍　　東京都北区赤羽町二丁目 13 番

本人氏名　　山田　一久

生年月日　　昭和 49 年 9 月 1 日

1 禁治産又は準禁治産の宣告の通知を受けていない。

2 後見の登記の通知を受けていない。

3 破産宣告又は破産手続開始決定の通知を受けていない。

上記のとおり証明する。

　令和○年○月○日

　本籍地住所は現住所と異なることが多いです。本籍地住所の記載のある住民票を取得することで確認できます。

自分で手引きを読んだ時には知らない言葉が
羅列されていて、本当に困っていました。
先日お送りした資料でも、普段目にしていたけど、
いざ名称で言われるとわからないものでして、
先生から参考資料を送ってもらっていたので、
これのことを言うのかと納得しましたよ

筆者の失敗話 ❸

南青山は渋谷区？

- -

私「身分証明書を大量に郵送取得（汗）──」

　何故か、止まっていたことが同時にしかも大量に動くことがあるんですよね。

　それで、8社分の計31人分の身分証明書の取得を進めていた。

　身分証明書は本籍地住所の役所に申請する訳でして…

私「この方の本籍地は…南青山・・・・」

　4日後の電話──

渋谷区役所「もしもし、○○様の身分証明書の郵送申請ご担当の方、
　お願いできますか？」

私「はい、私です」

渋谷区役所「今回のご申請頂いた身分証明書ですが、
　うちの管轄ではないので、お返ししますね」

私「えぇ！！」

渋谷区役所「南青山は『港区』なんです（笑）」

私「おぉ！」

渋谷区役所「よくありますよ（笑）」

　てっきり『青山＝渋谷区』と思い込んでいたので、つい間違えてしまいました。

● 〔参考資料〕健康保険・厚生年金

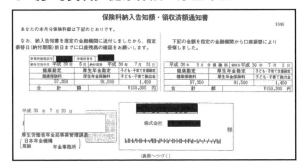

● 〔参考資料〕雇用保険

申告書とセットで領収書も必要になります（受領印があるもの）。

　ちなみに現在、建設業許可の申請書類は**押印が廃止**となっているので、

> ● 建設業申請書用の委任状
>
> ● 身分証明書・登記されていないことの証明書の取得用委任状
>
> ● 事業税の納税証明書取得用の委任状

を押印書類として準備します。

＊申請先によっては別途押印書類が求められる場合があります。

　今後の流れとしては ───

> 先日いただいた情報に基づいて申請書の作成、
> および申請書類のセット

> 本日いただいた委任状で、各種証明書類の取得

> 申請書類が整ったら請求書をお送りするので、
> ご入金いただけたら東京都へ申請書を提出

となりますと説明を受けた。

　以前にお送り頂いた図面にて、営業所スペースと生活圏スペースが完全に切り離されていることが確認できていたので、自宅兼用でも適切な営業所として認定されるでしょうと説明した後に、営業所の撮影作業に。

改めて「営業所」について説明します。

「**適切な営業所**」として、東京都の手引きには次のように要件内容が記載されています。

ア 外部から来客を迎え入れ、請負契約の見積り、入札、契約締結等の実体的な業務行っていること。

イ 電話・机・各種事務台帳等を備え、契約の締結等が出来るスペースを有し、かつ他法人又は他の個人事業主の事務室等とは間仕切り等で明確に区分されている、個人の住宅にある場合には居住部分と適切区分されているなど、独立性が保たれていること。
なお、本社と営業所が同一フロアである場合、同一法人であるため仕切り等は必要ないが明らかに支店とわかるよう看板等を掲示し、営業形態も別とすること。

ウ 常勤役員等又は建設業法施行令第3条の使用人（支店等において上記アに関する権限を付与された者）が常勤していること。

エ 専任技術者が常勤していること。

オ 営業用事務所としての使用権原を有していること（自己所有の建物か賃貸借契約等を結んでいること（住居専用契約は、原則認められない））。

カ 看板、標識等で外部から建設業の営業所であることがわかる表示があること。

上記について証明する資料を準備していくことになります。

＊現在の運用では、固定電話はなくても大丈夫となっております。

NGパターンとなる例を記しますと、以下のような場合です。

● 別法人（個人事業主）と同居している

（「やまと株式会社」が建設業許可を取得しようとしています。）
グループ会社や子会社でもNGです。

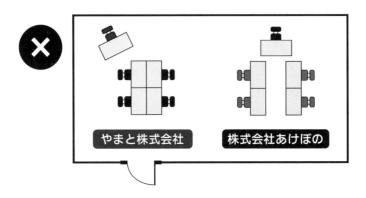

● 事務所が自宅兼用の場合で、明確に生活空間と分離されていない

とNGとなります。

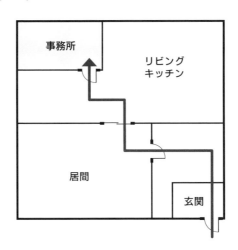

　玄関から事務所の部屋に入室するまでに居間、リビングキッチンなどの生活空間を通る場合はNGとなります。

自宅兼用で OK となったパターンは、以下のような場合です。

● 事務所入口と生活空間が完全に切り離されている

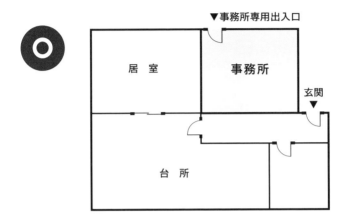

● 他の業者と同居しているが切り離されているパターン

【A 社が建設業許可申請する場合】

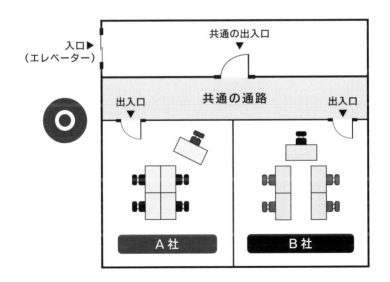

　また、ＵＲのように、居住専用の建物の場合は原則ＮＧとなります。近年話題になっているバーチャルオフィスもＮＧです。

　ちなみに、レンタルオフィスの場合は、事前の確認が必要となりますが、完全な個室を単独利用していて、長期の契約を結んでいる、といったことが証明できれば適切な営業所として認められる場合があります。

　次に、申請時には写真の提出が求められます。

- ● 建物全体が収まる外観
- ● 建物入口
- ● ポストの写真（表札があること）
- ● 建物入口から事務所までの経路
- ● 事務所入口（玄関）（表札があること）
- ● 玄関から事務所の部屋までの経路
- ● 部屋の内部写真

　写真は、思ったよりも多くの枚数が必要となります。申請時に追加の写真を提出してくださいと言われている申請者をよく見かけます。それから、自宅兼事務所の場合は、平面図の提出も必須となります。

＊事務所と生活圏の分離ができているか確認されます。

◉ 登記上と違う場所を営業所にしている

　写真以外に、賃貸契約書等の使用権原がわかる資料の（コピー）提出が必要となります。そして、**使用目的が事務所の賃貸契約である必要**があります。もし、契約書で事務所として使用するという内容が読み取れない場合は、大家から事務所として使用を認めるという内容の使用承諾書（原本）の提出が求められます。

さて、写真撮影を開始しました。外観全体、ポスト（会社の表札があることを確認）———

随分と撮影するんですね

はい。
外観だけでも何通りか用意しておかないと
審査時に、こちらの角度はどうなっていますか？
と、聞かれたりする場合がありますので

外観やポストだけで10枚以上撮影していた。

場数を相当踏んでいる行政書士なんだなぁー
穴がない作業をしている

次に、建物入り口。今回は住居と営業所の入り口が別々になっている建物であった。扉を閉じた状態、扉を開けた状態でさらに入り口内部を外から、そして入り口内部から開けている扉の状態で外部に向かっての写真。

えっ、内部から外側に向かう写真も撮るんですか？

はい。
原則、写真のみで営業所のすべてを判定するので、
双方向からの写真が求められるんですよ。
外だけ違う所で撮影したという事が過去にあったらしく。その他にも何かあるたびに撮影枚数が増えていったという経緯があります

　そして、営業所内の写真。あらゆる方向から写真撮影。PCや複合機等の事務機器は配置場所がわかる写真とアップの写真を撮影したりもしていて、最終的に70枚近く撮影していた。

撮影はこれで大丈夫と思います。事務所に戻りましたら、証明書類の取得と申請書の作成に取りかかります。順調にいけば10日間ほどで完了しますので、来週頃に請求書を送付させて頂きます

わかりました。
何卒よろしくお願いします

ご相談時にもお話しましたが、東京都の場合、
申請書を受理してから、おおむね1カ月ほどで、
御社に建設業の許可通知書を郵送してきます。
あと、届くのはA4の紙です。
「金看板」が届くわけではないですよ（笑）

えっ、そうなんですか？
じゃあ、あの金看板は自分で作るのですか？

はい、そうです。正確には建設業の許可票といいます。
許可業者の方は掲示義務がありますので、
許可通知書が届きましたら作成をしてくださいね

◉ 金看板
　許可票のこと。建設業者は営業所内に掲示する義務があります。
　世間に対して建設業を持っていることを誇示・宣伝することから業界内にて「**金看板**」と呼ばれることが多いようです。

● 許可票の例

建 設 業 の 許 可 票			
商号又は名称	株式会社○○		
代表者の氏名	代表取締役○○		
一般建設業又は特定建設業の別	許可を受けた建 設 業	許 可 番 号	許可年月日
一般建設業	工事業	東京都知事許可 (般-　)第　　　号	
この店舗で営業している建設業	工事業		

（タテ35cm以上、ヨコ40cm以上。材質はなんでもよいとされています。）

そうそう、**工事経歴書の書き方がわからないという**ことでしたよね。昨年の工事記録とか注文書などをまとめたファイルなどはありますか？

あっ、こちらです。
あと、工事経歴書の書き方なのですが

この一覧にて、注文者、現場名や建物名と工事内容、現場に配置された人（フルネーム）、工事金額（今回は税抜）、工事開始日と終了日を記載してください

わかりました。できましたら後ほどお送りします

ありがとうございます。これらの資料もとに建設業用の決算資料と工事経歴書作成をします

⑥ 建設業許可の財産要件

　財産要件は、直近の確定申告書で判定されます。この財産要件が定められている理由は、建設業を営む場合、資材の購入、労働者の確保、機材の購入、工事着工の準備資金等が必要と考えられているからです。

　財産的要件は、**一般建設業**と**特定建設業**でそれぞれ定められています。

一般建設業

　次のいずれかに該当すればよいとされています。

---

① 自己資本が500万円以上ある

　法人の場合、申請時に直近の確定申告書に添付してある決算報告書の貸借対照表における『純資産合計』の額が500万円以上となっている場合を指します。

（＊資本金のことではないです。）

　また、個人事業主の場合は申請時の直近の確定申告書で、期首資本金、事業主借勘定及び事業主利益の合計額から事業主勘定の額を控除した額に負債の部に計上されている利益留保性の引当金及び準備金の額を加えた額が500万円以上となっていることとされています。

② 500万円以上の資金調達能力がある

　申請者名義（法人の場合は当該法人名義であること）の口座における、取引金融機関発行の500万円以上の預金残高証明書又は融資証明書を提出することで認められます。

　ただし、証明書の証明日「〇年〇月〇日」から1カ月以内の有効期限がありますので注意してください。

（＊発行日と間違える方が非常に多いようです。）

特定建設業

特定建設業は、下請負人保護のために一般建設業よりもより厳しい財産的要件が課されています。

① 欠損の額が資本金の20%を超えないこと
② 流動比率が 75%以上であること
③ 資本金が 2,000万円以上であること
④ 自己資本が 4,000万円以上であること

この４つの項目が、直近の決算にて該当していることが要件となっています。

● 特定建設業の財産要件

事 項	法 人	個 人
[1] 欠損比率	繰越利益剰余金の負の額－ 〔資本剰余金＋利益準備金 ＋その他利益剰余金 （繰越利益剰余金を除く）〕 ──────── 資本金×100 ≦ 20%	事業主損失－ 〔事業主借勘定－事業主貸勘定 ＋利益留保性の引当金 ＋準備金〕 ──────── 期首資本金×100 ≦ 20%
[2] 流動比率	〔流動資産合計÷流動負債合計〕× 100 ≧ 75%	
[3] 資本金額	資 本 金 ≧ 2,000 万円	期 首 資 本 金 ≧ 2,000 万円
[4] 自己資本	純 資 産 合 計 ≧ 4,000 万円	〔期首資本金＋事業主借勘定＋ 事業主利益〕－事業主貸勘定＋ 利益留保性の引当金＋準備金 ≧ 4,000 万円

また、特定建設業の専任技術者についても一般建設業よりも要件が厳しくなっています。

 直近の確定申告書を拝見しましたところ、
純資産が500万円以上（820万円）あるので
財産要件については大丈夫です

＊確認は、今回の情報に基づいて作成した決算報告書の純資産の総額（赤枠で囲ってある箇所）で行います。

　もし、純資産の合計金額が500万円未満だった場合は、金融機関に残高が500万円以上ある証明書を発行してもらうようになります。ちなみに、有効期限が残高があるとされた日付から1カ月以内となっています。

＊特定建設業の場合は別途財産要件があります（93ページの表を参照）。

◉ 完成した決算報告書 ➡ ［巻末資料／❹赤羽工業の完成した申請書一式サンプル］を参照。

　4日後───

 松本社長、実は、先日頂きました略歴に記載の
本籍地住所が違うと管轄役所から連絡がありました。
大変お手数ですが、確認お願いできますか？
もし、最近、本籍住所記載の住民票を取得している
ようでしたら、そのコピーをお送りいただければ
助かります

 あっそうでしたか、申し訳ありません。
後ほど折り返しますので少しお待ちください

松本社長は、電話を切るとその足で徒歩数分のコンビニへ。

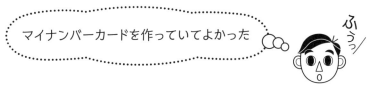

マイナンバーカードを作っていてよかった

住民票を取得して、桂行政書士にメールにて送付。

ありがとうございます。
役所に連絡しまして確認が取れたので、
すぐに発行手続きに入りますとのことです。
その他の証明書類は取得してあります。
書類のセットも身分証明書が届くだけですので、
本日請求書を送付いたします。お手元に届きましたら
内容をご確認の上お振込ください。
お振込が完了しましたらメールで大丈夫ですので、
ご一報ください

わかりました。
請求書が届いたらすぐに対応いたします

　2日後に請求書が届いたので、その日に請求金額を振込み、桂行政書士にメールにて連絡。

　桂行政書士からは、身分証明書が届き次第、東京都に申請してきますと返信があった。

◉ **完成した申請書一式 ➡** ［巻末資料／**❹赤羽工業の完成した申請書一式サンプル**］を参照。

筆者の失敗話 ④

1つだけね

　10年実務経験だから持っていく書類が多い。抜けがないか注意して整理してと。よし、大丈夫。

　いざ、申請窓口へ――

私「新規で、経管専技ともに実務経験でして、10年分の工事資料で証明となります」

担当者「はい、承知しました。早速確認をします（あっ！）」

　…1時間後、

担当者「確認完了出来ました。特に問題はないのですが…1つだけ（クスッ）」

私「なんでしょうか？」

担当者「職印がないです（けらけら）。今、お持ちですか？」

私「ほう。事務所に置いてあります」

担当者「では、職印押印後、再度持参してください。確認資料はもう大丈夫ですからね」

私「はい（汗）」

　慌てて戻り、押印後、すぐに戻り、提出完了となりました。

❼ 申請、 そして許可通知書到着

そのメールの翌日に、桂行政書士から

> 本日、東京都に建設業許可申請書を提出しまして、無事に受理されました。

というメールが届いた。

おー、よかった!!

1カ月程で、許可通知書が届くとも記載されていた。

◉ **受理されたら建設業許可が出る?**

　窓口では、まず、形式的審査をします。形式的内容が満たされている場合、受理されます。

　そして、そこから本審査が開始されます。

　この本審査で、改めて社会保険・雇用保険の資料内容・加入状況の確認、そして役員の犯罪歴について警察照会がされます。

　ここで保険加入状況に虚偽があったり、役員に過去5年以内に犯罪歴があった場合、欠格事由に該当したとなると建設業許可が出ません。

　今一度、社会保険・雇用保険と欠格事由について説明します。

　令和2年10月1日から**社会保険への加入が建設業許可の要件**となりました。

　また、令和2年10月1日以降に更新・業種追加する際にも先に健康保険に加入していることが要件となります。

健康保険・厚生年金保険

　法人は、健康保険・厚生年金保険原則適用事業所となっております。つまり、加入は義務となっています。

　個人事業主の場合、家族従業員を除く従業員が5人以上いる場合は健康保険・厚生年金保険の適用事業所になります（加入が義務付けられます）。

　ちなみに、健康保険は、適用事業所であっても法人（事業主）が健康保険適用除外承認を申請し、認められれば適用除外となりますが、厚生年金保険の加入は義務付けのままです。

　また、この除外承認を受けるためには別途の健康保険（組合保険や土建国保など）の加入が必要です。

＊適用の該当性についての確認は、最寄りの年金事務所もしくは社会保険労務士にご相談してみてください。

雇用保険

　1人でも労働者を雇用したら、法人・個人事業主の区別なく加入が義務付けられます。

　法人の役員、個人事業主、同居の親族のみで構成される事業所の場合だと、雇用保険は、原則適用除外になります。

＊適用事業所の該当性についての詳細は、最寄りの公共職業安定所（ハローワーク）もしくは社会保険労務士にご相談してみてください。

● 保険の該当の有無の一覧

事業所区分	常用労働者の数	健康保険年金保険	雇用保険	適用除外となる保険
法　　人	1人	○	○	―
	役員のみ	○	―	雇用
個人事業所	5人～	○	○	―
	1人～4人	―	○	健康・厚生年金
	1人親方	―	―	健康・厚生年金・雇用

● 証明書類について（原則写しを提出）

健康保険・厚生年金

ａ．全国健康保険協会に加入の場合

◎ 納入告知書納付書、領収書

◎ 保険納入告知額・領収済通知書

◎ 社会保険料納入確認（申請）書（受付印のあるもの）

ｂ．組合保険に加入の場合

◎ 健康保険については健康保険組合発行の保険領収証書

◎ 厚生年金については上記ａのいずれか

ｃ．国民健康保険組合（土建国保等）の場合

◎ 厚生年金についてａのいずれか

＊加入して間もない場合は、以下の資料で対応可能です。

◎ 健康保険・厚生年金保険資格取得確認及び
　標準報酬額決定通知書

◎ 健康保険・厚生年金保険の新規適用届
　（年金事務所による受付印のあるもの）

雇用保険

◎ 労働保険概算・確定保険料申告書と領収済通知書

◎ 労働保険料納入通知書と領収済通知書

＊加入して間もない場合で保険料納入実績がない場合は、領収済通知書
　の提出は不要です。

＊労働保険事務組合が保険料納付を行っている場合は、労働保険番号が
　記載されている、事務組合が発行する労働保険料領収書などの写しを
　提出で対応可能です。

● 欠格要件と誠実性

　欠格要件というものが、建設業法上定められています。下記に該当する場合、許可を受けることができません。

---

1. 許可申請書もしくは添付書類中に重要な事項について虚偽の記載があり、または重要な事実の記載が欠けているとき。

---

2. 法人にあっては、その法人の役員等、個人にあってはその本人、その他建設業法施行令第3条に規定する使用人（支配人、支店長、営業部長等）が、次の要件に該当しているとき。

① 破産手続の開始を受けて復権をしていない者。

② 精神の機能障害により建設業を適正に営むにあたり、必要な認知、判断および意思疎通を適切に行うことができない者。

③ 不正の手段で許可を受けたこと等により、その許可を取り消されて5年を経過しない者。

④ ③に該当するとして聴聞の通知を受け取った後、廃業の届出をした場合、届出から5年を経過しない者。

⑤ 建設工事を適切に施工しなかったため公衆に危害を及ぼしたとき、または危害を及ぼすおそれが大であるとき、あるいは請負契約に関し不誠実な行為をしたこと等により営業の停止を命ぜられ、その停止の期間が経過しない者。

⑥ 禁固以上の刑に処せられその刑の執行を終わり、またはその刑の執行受けることがなくなった日から5年を経過しない者。

⑦ 建設業法、建築基準法、労働基準法等の建設工事に関する法令のうち政令で定めるもの、もしくは暴力団員

> による不当な行為の防止等に関する法律の規定に違反
> し、または刑法等の一定の罪を犯し罰金刑に処せられ、
> 刑の執行を受けることがなくなった日から 5 年を経過
> しない者。
> ⑧ 暴力団員による不当な行為の防止等に関する法律第 2
> 条第 6 号に規定する暴力団員又は同号に規定する暴力
> 団員又は同号に規定する暴力団員でなくなった日から
> 5 年を経過しない者。
> ⑨ 暴力団員がその事業活動を支配する者。

　上記の欠格事由のどれか一つでも該当する場合、建設業許可は取得できません。犯罪歴等については東京都から警視庁へ照会をします。犯罪歴は確実に判明しますので、正直に申告して下さい。
　また、**誠実性**についても審査されます。
　この「**誠実性**」とは、

> 　法人の役員等、個人事業主、建設業法施行令第 3 条に規定する使用人（支配人・支店長・営業所長等）が請負契約に関して、**不正または不誠実な行為をするおそれがあきらかな者ではないこと**

と条文に規定されています。

> **不正な行為：**請負契約の締結又は履行の際の詐欺、脅迫等…
> 　　　　　　「法律」に違反する行為
> **不誠実な行為：**工事内容、工期等…「請負契約」に違反する行為

となります。
　もう少し具体的な例ですと、建設業許可取得前に500万円（税込）の工事の請負契約した場合、この「**誠実性に欠ける**」と判断されてしまう可能性があります。

困ったお客様　　　ケース④

欠格事由？

[Dさん：法人設立をしたばかり。資格がないので10年]

＊建設業許可の要件はいろいろあります。その中で一番大変とされるのが、経営業務管理責任者と専任技術者に該当する人がいるということになります。しかし、落とし穴という点では、「欠格事由」というのがあります。

私「個人時代の確定申告書10年分以上の原本ありますか？」

Dさん「はい」

私「10年分の工事資料と、それに対応する入金資料ありますか？」

Dさん「はい」

私「営業所は自宅兼用なので、先に図面をお願いします」

Dさん「はい」

私「あと、役員は代表者様おひとりですね。代表者様はここ数年において警察のお世話になったり、裁判で刑事判決受けたということはないですか？」

Dさん「はい、ないです」

私「失礼しました。それでは、頂きたい情報や確認資料等の一覧をお送りします。ご確認頂き、お送りください。届きましたら確認作業をします」

Dさん「はい、よろしくお願いします」

　２週間後に確認資料が届く。確認作業に10日ほどで完了。

私「情報および資料の確認をしましたところ、要件が満たせそうですので、このまま申請に向けて作業を進めますが、よろしいですか？」

Dさん「よかった。何卒よろしくお願いします」

私「押印書類の準備ができましたら、ご訪問にて持参いたします。また、営業所の確認および写真撮影します」

1週間後に訪問。

私「営業所の撮影を終えましたので、押印お願いします」

＊この当時はまだ、申請書の表紙などに押印が必要な時代だったので、かなりの枚数があった（委任状も含めると20枚を超えていました）。

Dさん「…あの…こちらの欠格事由に該当しないことの確約書の内容なのですが…これはどれかにかかってもダメですか？」

私「はい、だめです。行政庁が申請書を受理したら所轄の警察に照合をしますので、確実に判明しますよ」

Dさん「…実は…7年位前にドラッグで逮捕されていて…執行猶予6年を受けています」

私「(はぁーーー) その執行猶予が完了しているか、おわかりになりますか？ 判決文などございますかね？」

Dさん「いやないです。友人の話では所轄の警察に聞けばわかるようなことを言っていたので、確認しますので少し待ってください」

私「わかりました。押印書類はこのまま預かりますので、確認取れたらご連絡ください」

数日後——

Dさん「先日は、ありがとうございました。警察に確認しに行ったら、ちょうど1週間前に執行猶予期間が終わってました」

無事に建設業許可取得となりました。

＊最初の相談で、「犯罪歴はありますか？」という質問は聞きづらいかと思いますが、必ずお尋ねするようにしましょう。

また、受任した場合には、『欠格事由に該当していません』という内容の確約書を作成して押印してもらっておくと、後日のトラブル回避になります。

さて、桂行政書士から届いたメールには、東京都の受付印のある表紙のコピーが添付してあった。すぐに、元請の会社にそのコピーをメールで送付して電話したところ、

現在、貴社だけですよ、建設業許可取得手続きが
完了したのは！　大変お疲れさまでした。
今後も、お取引、是非ともお願いします

ありがとうございます。
こちらこそ、今後も何卒よろしくお願いします

東京都に申請書が受理されてから1か月後――ポストに東京都からの郵便物が――開封すると、建設業の許可通知書!!

来たぁー!! これで、私も建設業の許可業者だ!!

早速、桂行政書士に電話する。

おめでとうございます

ありがとうございます。仲間内でも私だけですよ！
こんなに早く取れたのは先生のおかげです。
本当にありがとうございました!!

いえいえ、松本様の全面協力があったからこそです。
お預かりしていました、副本一式をお返します。
せっかくですから、名刺などに建設業許可番号を
記載してください

はい。すぐ新しい名刺を作ります。
あ、許可票も作ります !!

少し水を差す話になりますが、建設業許可取得をしても、それを維持することが大変なんです。
何かご不明点などございましたら、まずは私にご相談ください

　建設業許可を取得した者は、以降、行政の管理下に置かれます。それに伴い、期限が定められた報告義務があります。この義務を果たさないと建設業許可の更新はできません。

● 報告義務の内容

【毎年すること】

決算変更届

- 毎年決算月から4か月以内に1年間の工事実績と財務状況について提出する。
- 5年間すべて出していることが建設業許可更新の最低条件です。

【その都度行うこと】

変 更 届

- 経管の交代、専技の交代、役員の就退任、本店住所変更、資本金変更、電話番号変更など。
- 登記事項の場合は変更日から30日以内、それ以外は変更日から2週間以内に提出する。
- 期限内に提出しないと罰則が科される場合があるので注意。

前記の届出を、建設業許可更新申請書を提出する前にすべて提出していることが、**建設業許可更新の最低条件**です。

> やってしまった後にご相談を受けて、
> 結果として建設業許可を維持できないという
> 事例をたくさん経験してきました

> はい、是非。
> 今後も、何卒よろしくお願いします！

松本社長は早速、その日に新しい名刺を作成。
翌日に、元請会社に許可通知書のコピーを提出。

> 建設業の取得をお願いして一番早く取れましたね。
> 他の方はまだまだのような感じです。
> 早速ですが、こちらの工事をお願いしたいのですが

> ありがとうございます。
> 是非、やらせてください！

> それと、この工事の統括責任者もお願いできますか？

> えっ！ 本当ですか。
> 私で良ければ是非！

こちらこそ、お請け頂けますと大変助かります。
毎月、現場安全パトロールなど、事務的なことを
たくさん、御社にお願いすることになるかと思います
ので、ご協力のほど、お願いします。
依頼したい工事や安全パトロールなどをまとめた資料
を、後ほどメールにてお送りしますので、内容をご確
認頂き、お見積りを作成してください。
お見積りができましたらお送りください。
お見積り内容を確認したのちに、正式な発注をいたし
ます

はい、承知しました！

　届いた資料に目を通すと、現在の人員だけでは足りない…現場
の主任技術者は、今いる従業員が対応できるけど、安全パトロー
ルなど書類作成が大変そうだ。
　よし、ここは思い切って従業員を増やしてみようか？
　そうだ、建設業許可取得後の維持・運用していくためにやらな
いといけないことがいろいろあると話をしていたから、改めて桂
行政書士に相談してみよう。

　以上、見てきたとおり、松本社長は無事に建設業許可を取得することができました。しかし、建設業許可取得はゴールではありません。建設業許可を取得すると、いろいろな義務が発生します。

　また、運用していく中での注意事項もあります。これらをきちんと理解して行動しないと、5年後の建設業許可の更新ができなくなります。

　建設業許可の運用・維持も非常に大変であることも、一言申し上げておきます。

困ったお客様　　　　　　　　　　　**ケース❺**

ついついやってしまった

私「更新の時期になりました」

Eさん「お願いします」

私「経管の○○さんは、後期高齢者でしたから、常勤確認資料で、確定申告書の役員報酬欄が確認されることを新規申請時にお伝えしてますが、その件、大丈夫ですか？」

Eさん「…そうだっけ（汗）」

私「まさか！」　許可取得以降の数年分の確定申告書を確認。

私「昨年から役員報酬ゼロになっているではないですか！！」

Eさん「だって、役員報酬を減らした方が…その経費とか…」

私「新規申請時に、さんざん言いましたよ！　あと、申請書類を返却する際に、『許可を維持するため注意してね』という冊子を渡したり…」その冊子は申請書のファイルの最初のポケットに入ってました。

Eさん「どうにかならない？」

私「ダメです」

　一度廃業届。Eさんの許可がない期間1年分の工事資料を添付して経営経験の5年を満たして『**再取得**』となりました。

エピローグ
～半年後～

　　株式会社赤羽工業は、事務作業員1名を含め、申請時より従業員数が7名増えていた。

　先ほど、元請会社から別件の工事について頼めないだろうかとお願いされた。しかし、現在の人員でもさすがに回せないので、回答を保留した。

　聞くところによると、松本社長達が建設業許可取得するようにと言われた時点だと、協力会社は23社いたけど、今日現在で、建設業許可取得できたのが松本社長の赤羽工業含めて9社とのこと。しかも、松本社長以外は許可を先月位にようやく取得したばかりで、まだ体制作りができていない状態だった。

　赤羽工業は、一番早く建設業許可を取得していて、また、体制作りも桂行政書士のアドバイスに従ってすぐに対応していたこともあり、元請からの信頼がとても厚く、ともかく、赤羽工業に話をしてからとなっていた。

　建設業許可未取得の事業者への発注を、元請事業者のコンプライアンス遵守の観点からますます難しくなりつつあった。

　また、赤羽工業からの下請に出す先についても、建設業許可を持っているところ以外はダメという指示が出されていた。

　そうこうするうちに、許可が取れずに新しい工事の契約ができないという事業者が出始めてきた。その中には、松本社長が独立直後から付き合いのある事業者も数多くいた。

　そんな事業者の一つである、**奥林工務店株式会社の社長である奥林**から、

マジでうちの会社はまずい。建設業許可をとらないと契約してもらえない…。建設業許可をとれと言われてすぐに、事務員（奥さん）と一緒に手引きを読みながら準備を進めてみたけど、知らない言葉ばかりだし、とりあえずこれぐらいの資料があればどうにかなるだろうと持ち込んだら、あれがないこれがないとか毎回言われるからだんだんいやになってきて…そのままにしてしまっているんだ。松本のところは、すごく早く建設業許可取れたよね。どうやったの？

桂行政書士に相談して、
ともかく言われた通りに準備をしただけだよ

そうなのか。行政書士って知り合いにいなくて、金もかかるとか考えて自分でやろうとしたんだけど…新規の仕事が取れなくなって2カ月ぐらいになるから、この現場が来月位までで、その後が決まっていないんだよ

じゃあ桂行政書士を紹介するから、
まずは相談してみなよ

その行政書士に頼めば絶対取れるのか？

それはわからないさ、調査してみないと。
桂行政書士の話では、10社調査して、10社とも取得できないという結論になったことが過去にあったと言ってたから。だけど、どんな資料が役に立つのかの判断が自分ではできないなら、ともかく相談だけでもしてみたらどうだい？

そうだよなあ。
このまま何もしないままだと倒産するしかないよ。
よし、その桂行政書士を紹介してくれ!!

 わかった。今電話するよ

2カ月後──

 昨日、東京都に建設業許可申請書が受理されたよ!

と、東京都の受領印のある表紙のコピーを松本社長に見せた。

 ありがとうな! 本当に助かった。
桂行政書士は、俺の個人と今の会社のトータル13年
分の工事資料と入金資料の突き合わせ作業をやってく
れて。
そうしたら10年分の技術力経験と5年分の経営経験
資料は何とかなりそうですよと言ってくれて。
そのあとはともかく言われた書類と情報を送ったら、
準備できましたと連絡が来た時は本当にうれしかったよ

 私が最初に世話になった親方もよく言っていたよ、
餅は餅屋だって

 ほんとうに、そのとおりだな

2人はそう言って、満足した表情で笑った。

-END-

困ったお客様 ケース❻

豹変さん

Fさん「なんとしても建設業許可を取らないといけないのに別の事務所に頼んだけど、取れないと言われて…助けてください」

私「これこれの資料、10年分ありますか？」

Fさん「あると思う。ほかに何を用意すればいいか言ってくれればなんでも用意するから、頼むから建設業許可取らせてくれ！でないと契約打ち切られる（涙）」

私「最善は尽くしますが、必ず取れる訳ではない点、ご理解ください。では、先ほどお話した書類などを含めて、ご準備お願いしたい書類一覧と概算ですが、お見積りをお渡しします」

Fさん「ありがとうございます。いくらでも出しますので！！」

　1か月後──ごっそりと資料が届く。それを2週間かけて仕分けして精査。どうにかなりそうな資料が揃ったので、その旨をFさんに連絡。

Fさん「ほんと！」

私「何とかなりそうですので、このまま申請書類作成を進めた場合のお見積もりを改めてお渡しします」

Fさん「その金額で大丈夫です！！　建設業許可が取れるなら！！」

私「わかりました。申請書類がおおむね出来上がりましたら、請求書を送付します。そちらのご入金が確認できましたら、東京都に申請いたします」

　その内容の覚書を作成してFさんに確認してもらい、さらに、署名押印をもらう。

Fさん「はい、よろしくお願いします！！」

　──2週間ほどで準備がほぼできたので、請求書を発送。しかし…2週間経過しても入金がないので、連絡するも電話には出ない。メールを送付。

それから、1週間後——

Fさん「ねぇー申請したの（怒）」

私「いえ、ご入金がまだなので」

Fさん「払わねぇて言ってないだろう（怒）」

私「申し訳ないですが、請求金額のご入金が確認ができたら東京都に申請するという覚書交わしましたよね。それをF様も了解しましたよね」

Fさん「そうだったか？ いいから早く申請しろ！ しかも前の事務所より高い！！」

私「それなら、前の事務所にご依頼してください」

Fさん「だから、取れなかったんだよ。だから、あんたに頼んでるんじゃないか！」

私「ご入金いただけましたら、すぐに東京都に申請いたします」

Fさん「ぐっ…じゃ、もういい。預けた書類かえせ！」

　　——1か月後、

Fさん「あの…やっぱりお願いできないかな（涙）」

私「はぁ」

Fさん「建設業許可が必要なんだよ。元請から契約しない、と言われてさぁー」

　その後、再度書類を準備して請求書を送付。今回は即日入金されたので、東京都に申請。無事に建設業許可取得した模様——。

　ちなみに、申請が完了して以降、先方からは音信不通。国土交通省のサイトで許可番号を確認しました。

　＊急に態度が変わる方、結構います。別のお客を紹介するから等の話をしてきたりする人もいますが、乗らないようにしましょう。こちらの利益を害してでも自分の利益だけを求めるような人の言葉に耳を傾ける必要はないです。他の大切なお客様に対しての裏切りとなります。ご自身の能力に見合う対価を設定して、かつ支払い方法も納得していただいた上で受任となった以上、その対応は貫いてください。

筆者の失敗話 ❺

神奈川法務局？

私「ちょうど、神奈川県に申請の会社で、あとは証明書だけもらえばいいから、神奈川の法務局で、[ないこと証明書]を取得してそのまま申請に行くかね。他の会社の分も合わせて取得するか」

窓口「6名様分ですね」

私「はい、お願いします」

窓口「しばらくお待ちください」

──── 10分位経過

窓口「○○番でお待ちの方」

私「はぁーい」

窓口「こちら6名様分になります、ご確認お願いします」

私「承知しました…はい、大丈夫です。いつもありがとうございます」

窓口「（ニコニコ）お疲れ様です。あと1点だけ申し上げますと…」

私「何か問題でも（ドキドキ）」

窓口「たいしたことではないです。申請書の宛名が、『神奈川法務局』となっておりまして、神奈川県の本局は『横浜法務局』なので（ニコニコ）」

私「面目ねぇー（ーー）」

窓口「よくありますよ（ニコニコ）」

東京は『東京法務局』、埼玉は『埼玉法務局』…思い込みでやらかすこと、ありますね。

第3章

巻末資料

❶ 許可申請書類の並べ方【参考例】

● 新規申請の場合

① 本冊

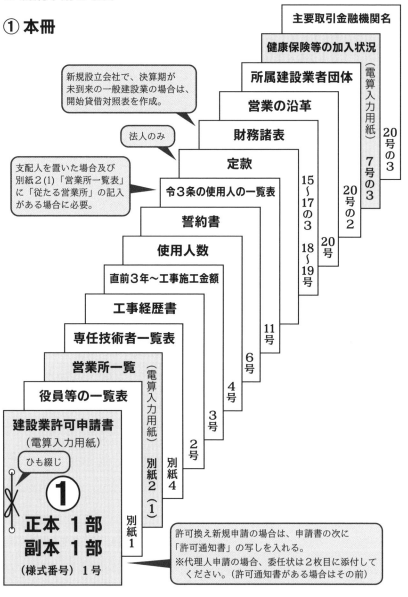

② 別とじ

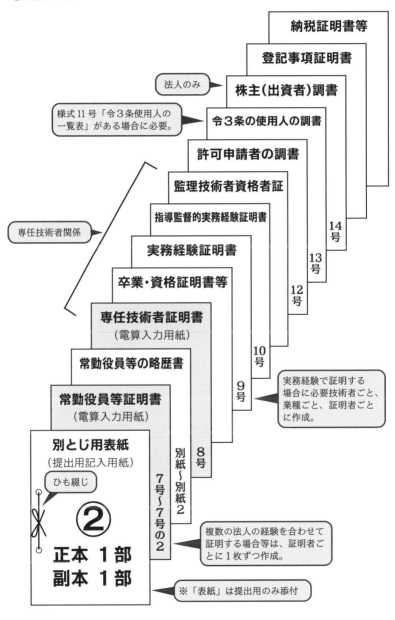

納税証明書等

登記事項証明書

法人のみ → 株主（出資者）調書

様式 11 号「令3条使用人の
一覧表」がある場合に必要。 → 令3条の使用人の調書

許可申請者の調書

監理技術者資格者証

指導監督的実務経験証明書

専任技術者関係 → 実務経験証明書

卒業・資格証明書等

専任技術者証明書
（電算入力用紙）

常勤役員等の略歴書

常勤役員等証明書
（電算入力用紙）

別とじ用表紙
（提出用記入用紙）

ひも綴じ

②

正本 1 部
副本 1 部

14号
13号
12号
10号
9号
8号
7号〜7号の2
別紙〜別紙2

実務経験で証明する
場合に必要技術者ごと、
業種ごと、証明者ごと
に作成。

複数の法人の経験を合わせて
証明する場合等は、証明者ご
とに1枚ずつ作成。

※「表紙」は提出用のみ添付

③ 確認資料等

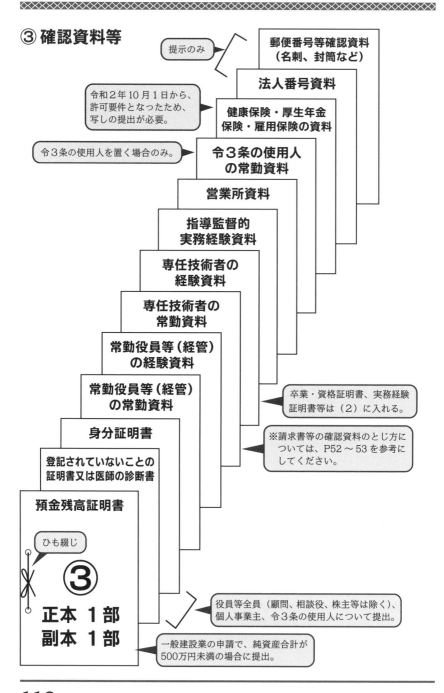

提示のみ

郵便番号等確認資料
（名刺、封筒など）

法人番号資料

令和2年10月1日から、
許可要件となったため、
写しの提出が必要。

健康保険・厚生年金
保険・雇用保険の資料

令3条の使用人を置く場合のみ。

令3条の使用人
の常勤資料

営業所資料

指導監督的
実務経験資料

専任技術者の
経験資料

専任技術者の
常勤資料

常勤役員等（経管）
の経験資料

卒業・資格証明書、実務経験
証明書等は（2）に入れる。

常勤役員等（経管）
の常勤資料

※請求書等の確認資料のとじ方に
ついては、P52～53を参考に
してください。

身分証明書

登記されていないことの
証明書又は医師の診断書

預金残高証明書

ひも綴じ

③

正本 1部
副本 1部

役員等全員（顧問、相談役、株主等は除く）、
個人事業主、令3条の使用人について提出。

一般建設業の申請で、純資産合計が
500万円未満の場合に提出。

④ 電算入力用

正本のコピー1部を作成し、
電算入力用紙とします。

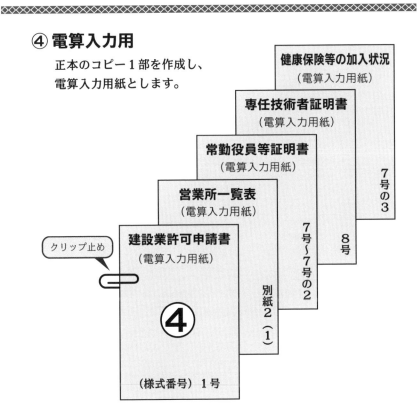

健康保険等の加入状況
（電算入力用紙）
7号の3

専任技術者証明書
（電算入力用紙）
8号

常勤役員等証明書
（電算入力用紙）
7号〜7号の2

営業所一覧表
（電算入力用紙）
別紙2（1）

建設業許可申請書
（電算入力用紙）
④
（様式番号）1号

クリップ止め

⑤「役員等氏名一覧表」

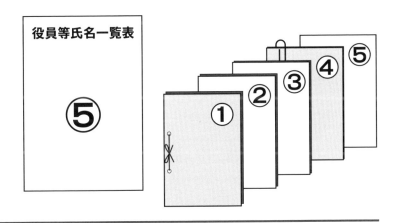

役員等氏名一覧表
⑤

①②③④⑤

❷ 有資格コード一覧

● 一般建設業

「1」…法第7条第2号イ該当（指定学科を卒業後、一定期間以上の実務経験）
「4」…法第7条第2号ロ該当（10年以上の実務経験）

	コード	資格区分		建設業の種類						
				土	建	大	左	と	石	屋
	01	法第7条第2号　イ　該当（指定学科卒業＋実務経験）		1	1	1	1	1	1	1
	02	法第7条第2号　ロ　該当（10年の実務経験）		4	4	4	4	4	4	4
建設業法（技術検定）	11	1級建設機械施工管理技士		7				7		
	12	2級建設機械施工管理技士　（第1種～第6種）		7				7		
	13	1級土木施工管理技士		7			7※	7	7	7※
	1H	1級土木施工管理技士補					7※	7※	7※	7※
	14	2級土木施工管理技士	土木	7			7○	7	7	7○
	1J	2級土木施工管理技士補	土木				7○	7○	7○	7○
	15	2級土木施工管理技士　種別	鋼構造物塗装				7○	7	7	7○
	1K	2級土木施工管理技士補	鋼構造物塗装				7○	7○	7○	7○
	16	2級土木施工管理技士	薬液注入				7○	7	7	7○
	1L	2級土木施工管理技士補	薬液注入				7○	7○	7○	7○
	20	1級建築施工管理技士			7	7	7	7	7	7
	2C	1級建築施工管理技士補				7※	7※	7※	7※	7※
	21		建築		7	7○	7○	7○	7○	7○
	22	2級建築施工管理技士　種別	躯体			7	7○	7	7○	
	23		仕上げ			7	7	7○	7	7
	2D	2級建築施工管理技士補				7○	7○	7○	7○	7○
	27	1級電気工事施工管理技士								
	2E	1級電気工事施工管理技士補								
	28	2級電気工事施工管理技士								
	2F	2級電気工事施工管理技士補								
	29	1級管工事施工管理技士								
	2G	1級管工事施工管理技士補								
	30	2級管工事施工管理技士								
	3A	2級管工事施工管理技士補								
	31	1級電気通信工事施工管理技士								
	32	2級電気通信工事施工管理技士								
	33	1級造園施工管理技士					7※	7※	7※	7※
	3D	1級造園施工管理技士補					7※	7※	7※	7※
	34	2級造園施工管理技士					7○	7○	7○	7○
	3E	2級造園施工管理技士補					7○	7○	7○	7○
建築士法	37	1級建築士			7	7				7
	38	2級建築士			7	7				7
	39	木造建築士				7				

「**7**」…法第7条第2号ハ該当（国家資格取得者等）
「**7**※」…法第7条第2号ハ該当（国家資格取得者等＋実務経験3年）
「**7**○」…法第7条第2号ハ該当（国家資格取得者等＋実務経験5年）

建設業の種類																					
電	管	タ	鋼	筋	舗	し	板	ガ	塗	防	内	機	絶	通	園	井	具	水	消	清	解
1	1	1	1	1	1	1	1	1	1	1	1	1	1	1	1	1	1	1	1	1	1
4	4	4	4	4	4	4	4	4	4	4	4	4	4	4	4	4	4	4	4	4	4
					7																
					7																
		7※	7※	7※	7	7			7	7※			7※			7※		7		7※	7
		7※		7※		7※			7※	7※			7※			7※		7※		7※	7※
		7○	7	7○	7	7			7○	7○			7○			7○		7○		7○	7○
		7○		7○		7○			7○	7○			7○			7○		7○		7○	7○
		7○		7○		7○			7○	7○			7○			7○		7○		7○	7○
		7○		7○		7○			7○	7○			7○			7○		7○		7○	7○
		7○		7○		7○			7○	7○			7○			7○		7○		7○	7○
		7	7	7			7	7	7	7	7	7※	7					7	7※	7※	7
		7※		7※			7※	7※	7※	7※	7※	7※	7※					7※	7※	7※	7※
		7○		7○			7○	7○	7○	7○	7○	7○	7○					7○	7○	7○	7○
		7	7	7			7○	7○	7○	7○	7○	7○	7○					7○	7○	7○	7○
		7		7○			7	7	7	7	7	7	7○					7	7○	7○	7○
		7○		7○			7○	7○	7○	7○	7○	7○	7○					7○	7○	7○	7○
7												7※							7※		
												7※							7※		
7												7○							7○		
												7○							7○		
	7			7※		7※	7※					7※	7※			7※	7※	7※	7※	7※	
				7※		7※	7※					7※	7※			7※	7※	7※	7※	7※	
	7			7○		7○	7○					7○	7○		7	7○	7○	7○	7○	7○	
				7○		7○	7○					7○	7○		7	7○	7○	7○	7○	7○	
														7							
														7							
		7※		7※		7※			7※	7※			7※		7	7※				7※	7※
		7※		7※		7※			7※	7※			7※			7※				7※	7※
		7○		7○		7○			7○	7○			7○		7	7○				7○	
		7○		7○		7○			7○	7○			7○			7○				7○	
		7	7								7										
		7									7										

	コード	資格区分	建設業の種類						
			土	建	大	左	と	石	屋
技術士法	41	建設・総合技術監理（建設）	7				7		
	42	建設「鋼構造及びコンクリート」・総合技術監理（建設「鋼構造及びコンクリート」）	7				7		
	43	農業「農業土木」・総合技術監理（農業「農業土木」）	7				7		
	44	電気電子・総合技術監理（電気電子）							
	45	機械・総合技術監理（機械）							
	46	機械「流体工学」又は「熱工学」・総合技術監理（機械「流体工学」又は「熱工学」）							
	47	上下水道・総合技術監理（上下水道）							
	48	上下水道「上水道及び工業用水道」・総合技術監理（上下水道「上水道及び工業用水道」）							
	49	水産「水産土木」・総合技術監理（水産「水産土木」）	7				7		
	50	森林「林業」・総合技術監理（森林「林業」）							
	51	森林「森林土木」・総合技術監理（森林「森林土木」）	7				7		
	52	衛生工学・総合技術監理（衛生工学）							
	53	衛生工学「水質管理」・総合技術監理（衛生工学「水質管理」）							
	54	衛生工学「廃棄物管理」・総合技術監理（衛生工学「廃棄物管理」）							
電気工事士法	55	第1種電気工事士							
	56	第2種電気工事士　　　　　　　　　【3年】							
電気事業法	58	電気主任技術者　（第1種～第3種）　【5年】							
電気通信事業法	59	電気通信主任技術者　　　　　　　　【5年】							
	35	工事担任者　　　　　　　　　　　　【3年】							
水道法	65	給水装置工事主任技術者　　　　　　【1年】							
消防法	68	甲種 消防設備士							
	69	乙種 消防設備士							
職業能力開発促進法	71	建築大工			7				
	64	型枠施工			7		7		
	72	左官				7			
	57	とび・とび工					7		
	73	コンクリート圧送施工					7		
	66	ウェルポイント施工					7		
	74	冷凍空気調和機器施工・空気調和設備配管							
	75	給排水衛生設備配管							
	76	配管 (注1)・配管工							
	70	建築板金「ダクト板金作業」							7
	77	タイル張り・タイル張り工							
	78	築炉・築炉工・れんが積み							
	79	ブロック建築・ブロック建築工・コンクリート積みブロック施工						7	
	80	石工・石材施工・石積み						7	
	81	鉄工 (注2)・製罐							
	82	鉄筋組立て・鉄筋施工 (注3)							
	83	工場板金							
	84	板金・建築板金・板金工 (注4)							7

建設業の種類																					
電	管	タ	鋼	筋	舗	し	板	ガ	塗	防	内	機	絶	通	園	井	具	水	消	清	解
7					7	7									7						7
7			7		7	7									7						7
7														7							
											7										
	7										7										
	7																	7			
	7																7	7			
			7																		
															7						
															7						
	7																				
	7																	7			
	7																	7	7		
7																					
7																					
7																					
														7							
														7							
	7																				
																		7			
																		7			
																					7
	7																				
	7																				
	7																				
	7						7														
		7																			
		7																			
		7																			
			7																		
				7																	
							7														
							7														

	コード	資格区分	建設業の種類						
			土	建	大	左	と	石	屋
職業能力開発促進法	85	板金・板金工・打出し板金							
	86	かわらぶき・スレート施工							7
	87	ガラス施工							
	88	塗装・木工塗装・木工塗装工							
	89	建築塗装・建築塗装工							
	90	金属塗装・金属塗装工							
	91	噴霧塗装							
	67	路面標示施工							
	92	畳製作・畳工							
	93	内装仕上げ施工・カーテン施工・天井仕上げ施工・床仕上げ施工・表装・表具・表具工							
	94	熱絶縁施工							
	95	建具製作・建具工・木工(注5)・カーテンウォール施工・サッシ施工							
	96	造園							
	97	防水施工							
	98	さく井							
	61	地すべり防止工事　　　　　【1年】					7		
	40	基礎ぐい工事					7		
	62	建築設備士　　　　　　　　【1年】							
	63	計装　　　　　　　　　　　【1年】							
	60	解体工事							
	36 種目	登録電気工事基幹技能者							
		登録橋梁基幹技能者					7		
		登録造園基幹技能者							
		登録コンクリート圧送基幹技能者					7		
		登録防水基幹技能者							
		登録トンネル基幹技能者					7		
		登録建設塗装基幹技能者							
		登録左官基幹技能者				7			
		登録機械土工基幹技能者					7		
		登録海上起重基幹技能者							
		登録ＰＣ基幹技能者					7		
		登録鉄筋基幹技能者							
		登録圧接基幹技能者							
		登録型枠基幹技能者			7				
		登録配管基幹技能者							
		登録鳶・土工基幹技能者					7		
		登録切断穿孔基幹技能者					7		
		登録内装仕上工事基幹技能者							
		登録サッシ・カーテンウォール基幹技能者							
		登録エクステリア基幹技能者					7	7	

※等級区分が2級の場合は、合格後3年以上の実務経験を要する。ただし、平成16年4月1日時点で合格していた者は実務経験1年以上。

建設業の種類																					
電	管	タ	鋼	筋	舗	し	板	ガ	塗	防	内	機	絶	通	園	井	具	水	消	清	解
							7														
								7													
									7												
									7												
									7												
									7												
									7												
											7										
											7										
													7								
																7					
															7						
										7											
															7						
															7						
7	7																				
7	7																				
																					7
7														7							
		7																			
															7						
										7											
									7												
							7														
					7																
					7																
					7																
	7																				
											7										
																7					
		7																			

	コード		資格区分	建設業の種類						
				土	建	大	左	と	石	屋
職業能力開発促進法	36	種目	登録建築板金基幹技能者							7
			登録外壁仕上基幹技能者				7			
			登録ダクト基幹技能者							
			登録保温保冷基幹技能者							
			登録グラウト基幹技能者					7		
			登録冷凍空調基幹技能者							
			登録運動施設基幹技能者					7		
			登録基礎工基幹技能者					7		
			登録タイル張り基幹技能者							
			登録標識・路面標示基幹技能者					7		
			登録消火設備基幹技能者							
			登録建築大工基幹技能者			7				
			登録硝子工事基幹技能者							
その他	99		その他（上記コードに該当するものを除く）	7	7	7	7	7	7	7

【備　考】

● 資格区分右端の【　】内に記載されている年数は、当該欄に記載されている資格試験の合格後に必要とされている実務経験年数です。
資格証等の写しの他に様式第九号（実務経験証明書）が必要となります。

(注1) 配管：職業訓練法施行令の一部を改正する政令（昭和48年政令第98号。以下「昭和48年改正政令」といいます）による改正後の配管とするものにあっては、選択科目を「建築配管作業」とするものに限られます。

(注2) 鉄工：昭和48年改正政令による改正後の鉄工とするものにあっては、選択科目を「製缶作業」又は「製造物鉄工作業」とするものに限られます。

(注3) 鉄筋施工：昭和48年改正政令による改正後の鉄筋施工とするものにあっては、選択科目を「鉄筋施工図作成作業」及び「鉄筋組立て作業」とするものの双方に合格した者に限られます。

建設業の種類																					
電	管	タ	鋼	筋	舗	し	板	ガ	塗	防	内	機	絶	通	園	井	具	水	消	清	解
						7															
									7	7											
	7																				
													7								
	7																				
					7										7						
		7																			
											7										
																			7		
						7															
7	7	7	7	7	7	7	7	7	7	7	7	7	7	7	7	7	7	7	7	7	7

（注４）板金・板金工： 屋根工事業の有資格者として認められるのは、昭和48年改正政令による改正後の板金又は板金工とするものにあっては、選択科目を「建築板金作業」とするものに限られます。板金工事業の有資格者となる場合にはこの様な選択科目の限定はありません。

（注５）土木： 昭和48年改正政令による改正後の土木とするものにあっては、選択科目を「建具製作作業」とするものに限られます。

（注６）塗装： 昭和48年改正政令による改正後の塗装とするものにあっては、選択科目をどの作業としても「塗装」に該当します。

（注７） 令和３年４月１日以降に、工事担任者試験に合格した者、養成課程を修了した者及び総務大臣の認定を受けた者に限られます。

● 特定建設業

「2」… 法第７条第２号イ及び法第15条第２号ロ該当

　　　　（指定学科を卒業後、一定以上の実務経験＋２年以上の指導監督的実務経験）

「3」… 法第15条第２号ハ該当

　　　　（同号イと同等以上として国土交通大臣の認定を受けた者）

「5」… 法第７条第２号ロ及び法第15条第２号ロ該当

　　　　（10年以上の実務経験＋２年以上の指導監督的実務経験）

「6」… 法第15条第２号ハ該当

　　　　（同号ロと同等以上として国土交通大臣の認定を受けた者）

	コード	資格区分		建設業の種類						
				土	建	大	左	と	石	屋
	01	法第７条第２号　イ　該当				2	2	2	2	2
	02	法第７条第２号　ロ　該当				5	5	5	5	5
	03	法第15条第２号　ハ　該当（同号イと同等以上）		3	3					
	04	法第15条第２号　ハ　該当（同号ロと同等以上）				6	6	6	6	6
建設業法（技術検定）	11	1級建設機械施工管理技士		9				9		
	12	2級建設機械施工管理技士　（第１種～第６種）						8		
	13	1級土木施工管理技士		9		8※		9	9	8※
	1H	1級土木施工管理技士補				8※		8※	8※	8※
	14	2級土木施工管理技士	土木			8○		8	8	8○
	1J	2級土木施工管理技士補	土木			8○		8○	8○	8○
	15	2級土木施工管理技士	鋼構造物塗装			8○		8○	8○	8○
	1K	2級土木施工管理技士補	鋼構造物塗装			8○		8○	8○	8○
	16	2級土木施工管理技士	薬液注入			8○		8○	8○	8○
	1L	2級土木施工管理技士補	薬液注入			8○		8○	8○	8○
	20	1級建築施工管理技士			9	9	9	9	9	9
	2C	1級建築施工管理技士補				8※	8※	8※	8※	8※
	21	2級建築施工管理技士	建築			8○	8○	8○	8○	8○
	22	2級建築施工管理技士	躯体			8	8○	8○	8	8○
	23	2級建築施工管理技士	仕上げ			8	8	8○	8	8
	2D	2級建築施工管理技士補				8○	8○	8○	8○	8○
	27	1級電気工事施工管理技士								
	2E	1級電気工事施工管理技士補								
	28	2級電気工事施工管理技士								
	2F	2級電気工事施工管理技士補								
	29	1級管工事施工管理技士								
	2G	1級管工事施工管理技士補								
	30	2級管工事施工管理技士								
	3A	2級管工事施工管理技士補								
	31	1級電気通信工事施工管理技士								
	32	2級電気通信工事施工管理技士								

「8」… 法第7条第2号ハ及び法第15条第2号ロ該当
（一般建設業の要件を満たす国家資格＋2年以上の指導監督的実務経験）
「8※」… 法第7条第2号ハ及び法第15条第2号ロ該当
（一般建設業の要件を満たす国家資格＋実務経験3年＋2年以上の指導監督的実務経験）
「8○」… 法第7条第2号ハ及び法第15条第2号ロ該当
（一般建設業の要件を満たす国家資格＋実務経験5年＋2年以上の指導監督的実務経験）
「9」… 法第15条第2号イ該当（国家資格取得者等）
□ … 特定建設業指定7業種

建設業の種類																					
電	管	タ	鋼	筋	舗	し	板	ガ	塗	防	内	機	絶	通	園	井	具	水	消	清	解
		2	2	2	2	2	2	2	2	2	2	2	2	2		2	2	2	2	2	2
		5	5	5	5	5	5	5	5	5	5	5	5	5		5	5	5	5	5	5
3	3		3		3									3							
		6	6		6	6	6	6	6	6	6	6	6	6		6	6	6	6	6	6
					9																
		8※	9	8※	9	9		9	8※			8※				8※		9		8※	9
		8※		8※		8※			8※	8※		8※				8※		8※		8※	8※
		8○		8○		8			8○	8○		8○				8○		8		8○	8
		8○		8○		8○			8○	8○		8○				8○		8○		8○	8○
		8○		8○		8○			8			8○				8○		8○		8○	8○
		8○		8○		8○			8○	8○		8○				8○		8○		8○	8○
		8○	7	8○		8○			8○	8○		8○				8○		8○		8○	8○
		8○		8○		8○			8○			8○				8○		8○		8○	8○
		9	9	9			9	9	9	9	9	8※	9				9	8※	8※	8※	9
		8※	8※				8※	8※	8※	8※	8※	8※	8※				8※	8※	8※	8※	8※
		8○	8○				8○	8○	8○	8○	8○	8○	8○				8○	8○	8○	8○	8○
		8		8			8○	8○	8○	8○	8○	8○	8○				8○	8○	8○	8○	8○
		8		8○			8	8	8	8	8	8○	8				8	8○	8○	8○	8
		8○		8○			8○	8○	8○	8○	8○	8○	8○				8○	8○	8○	8○	8○
9												8※						8※			
												8※						8※			
												8○						8○			
												8○						8○			
	9			8※		8※	8※			8※	8※					8※	8※	8※	8※	8※	8※
				8※		8※	8※			8※	8※					8※	8※	8※	8※	8※	8※
				8○		8○	8○			8○	8○					8○	8○	8○	8○	8○	8○
				8○		8○	8○			8○	8○					8○	8○	8○	8○	8○	8○
														9							
														8							

	コード	資格区分	建設業の種類						
			土	建	大	左	と	石	屋
建設業法 （技術検定）	33	1級造園施工管理技士				8※	8※	8※	8※
	3D	1級造園施工管理技士補				8※	8※	8※	8※
	34	2級造園施工管理技士				8○	8○	8○	8○
	3E	2級造園施工管理技士補				8○	8○	8○	8○
建築士法	37	1級建築士		9	9				9
	38	2級建築士			8				8
	39	木造建築士			8				
技術士法	41	建設・総合技術監理（建設）	9			9			
	42	建設「鋼構造及びコンクリート」・総合技術監理（建設「鋼構造及びコンクリート」）	9			9			
	43	農業「農業土木」・総合技術監理（農業「農業土木」）	9			9			
	44	電気電子・総合技術監理（電気電子）							
	45	機械・総合技術監理（機械）							
	46	機械「流体工学」又は「熱工学」・総合技術監理（機械「流体工学」又は「熱工学」）							
	47	上下水道・総合技術監理（上下水道）							
	48	上下水道「上水道及び工業用水道」・総合技術監理（上下水道「上水道及び工業用水道」）							
	49	水産「水産土木」・総合技術監理（水産「水産土木」）	9			9			
	50	森林「林業」・総合技術監理（森林「林業」）							
	51	森林「森林土木」・総合技術監理（森林「森林土木」）	9			9			
	52	衛生工学・総合技術監理（衛生工学）							
	53	衛生工学「水質管理」・総合技術監理（衛生工学「水質管理」）							
	54	衛生工学「廃棄物管理」・総合技術監理（衛生工学「廃棄物管理」）							
電気 工事士法	55	第1種電気工事士							
	56	第2種電気工事士　　　　　　　　　【3年】							
電気事業法	58	電気主任技術者　（第1種～第3種）　【5年】							
電気通信 事業法	59	電気通信主任技術者　　　　　　　　【5年】							
	35	工事担任者　　　　　　　　　　　　【3年】							
水道法	65	給水装置工事主任技術者　　　　　　【1年】							
消防法	68	甲種 消防設備士							
	69	乙種 消防設備士							
職業能力開発促進法	71	建築大工			8		8		
	64	型枠施工			8		8		
	6B	型枠施工（附則第4条該当）			8		8		
	72	左官				8			
	57	とび・とび工					8		
	73	コンクリート圧送施工					8		
	66	ウェルポイント施工					8		
	74	冷凍空気調和機器施工・空気調和設備配管							
	75	給排水衛生設備配管							
	76	配管(注1)・配管工							
	70	建築板金「ダクト板金作業」							8

建設業の種類

電	管	タ	鋼	筋	舗	し	板	ガ	塗	防	内	機	絶	通	園	井	具	水	消	清	解
		8※		8※		8※				8※	8※		8※		9	8※		8※		8※	8※
		8※		8※		8※				8※	8※		8※			8※		8※		8※	8※
		8○		8○		8○				8○	8○		8○			8○		8○		8○	8○
		8○		8○		8○				8○	8○		8○			8○		8○		8○	8○
		9	9								9										
		8									8										
9					9	9									9						9
9			9		9	9									9						9
9												9									
											9										
	9																				
	9																	9			
	9																9	9			
						9															
														9							
														9							
	9																				
	9																	9			
	9																	9	9		
													8								
													8								
																		8			
																		8			
																					8
						8															

	コード	資格区分	建設業の種類						
			土	建	大	左	と	石	屋
職業能力開発促進法	77	タイル張り・タイル張り工							
	78	築炉・築炉工・れんが積み							
	79	ブロック建築・ブロック建築工・コンクリート積みブロック施工						8	
	80	石工・石材施工・石積み						8	
	81	鉄工(注2)・製罐							
	82	鉄筋組立て・鉄筋施工(注3)							
	83	工場板金							
	84	板金・建築板金・板金工(注4)							8
	85	板金・板金工・打出し板金							
	86	かわらぶき・スレート施工							8
	87	ガラス施工							
	88	塗装・木工塗装・木工塗装工							
	89	建築塗装・建築塗装工							
	90	金属塗装・金属塗装工							
	91	噴霧塗装							
	67	路面標示施工							
	92	畳製作・畳工							
	93	内装仕上げ施工・カーテン施工・天井仕上げ施工・床仕上げ施工・表装・表具・表具工							
	94	熱絶縁施工							
	95	建具製作・建具工・木工(注5)・カーテンウォール施工・サッシ施工							
	96	造園							
	97	防水施工							
	98	さく井							
	61	地すべり防止工事　　　　　　　【1年】					8		
	40	基礎ぐい工事					8		
	62	建築設備士　　　　　　　　　　【1年】							
	63	計装　　　　　　　　　　　　　【1年】							
	60	解体工事							
	36 種目	登録電気工事基幹技能者							
		登録橋梁基幹技能者					8		
		登録造園基幹技能者							
		登録コンクリート圧送基幹技能者					8		
		登録防水基幹技能者							
		登録トンネル基幹技能者					8		
		登録建設塗装基幹技能者							
		登録左官基幹技能者				8			
		登録機械土工基幹技能者					8		
		登録海上起重基幹技能者							
		登録ＰＣ基幹技能者					8		
		登録鉄筋基幹技能者							

※ 等級区分が2級の場合は、合格後3年以上の実務経験を要する。
ただし、平成16年4月1日時点で合格していた者は実務経験1年以上。

建設業の種類																					
電	管	タ	鋼	筋	舗	し	板	ガ	塗	防	内	機	絶	通	園	井	具	水	消	清	解
		8																			
		8																			
		8																			
				8																	
							8														
							8														
							8														
								8													
									8												
									8												
									8												
									8												
									8												
											8										
											8										
													8								
																	8				
										8											
																8					
																8					
																					8
														8							
										8											
									8												
						8															
				8																	
				8																	

	コード		資格区分	建設業の種類						
				土	建	大	左	と	石	屋
職業能力開発促進法	36	種目	登録圧接基幹技能者							
			登録型枠基幹技能者			8				
			登録配管基幹技能者							
			登録鳶・土工基幹技能者					8		
			登録切断穿孔基幹技能者					8		
			登録内装仕上工事基幹技能者							
			登録サッシ・カーテンウォール基幹技能者							
			登録エクステリア基幹技能者					8	8	
			登録建築板金基幹技能者							8
			登録外壁仕上基幹技能者			8				
			登録ダクト基幹技能者							
			登録保温保冷基幹技能者							
			登録グラウト基幹技能者					8		
			登録冷凍空調基幹技能者							
			登録運動施設基幹技能者					8		
			登録基礎工基幹技能者					8		
			登録タイル張り基幹技能者							
			登録標識・路面標示基幹技能者					8		
			登録消火設備基幹技能者							
			登録建築大工基幹技能者			8				
			登録硝子工事基幹技能者							
その他	99		その他（上記コードに該当するものを除く）			8	8	8	8	8

【備　考】

● 資格区分右端の 【　】 内に記載されている年数は、 当該欄に記載されている資格試験の合格後に必要とされている実務経験年数です。
資格証等の写しの他に様式第九号 （実務経験証明書） が必要となります。

(注1) 配管：職業訓練法施行令の一部を改正する政令（昭和48年政令第98号。以下「昭和48年改正政令」といいます）による改正後の配管とするものにあっては、選択科目を「建築配管作業」とするものに限られます。

(注2) 鉄工：昭和48年改正政令による改正後の鉄工とするものにあっては、選択科目を「製缶作業」又は「製造物鉄工作業」とするものに限られます。

| 建設業の種類 | | | | | | | | | | | | | | | | | | | | | |
電	管	タ	鋼	筋	舗	し	板	ガ	塗	防	内	機	絶	通	園	井	具	水	消	清	解
				8																	
											8										
																	8				
		8																			
							8														
									8	8											
													8								
		8																			
									8												
																			8		
								8													
	8		8		8	8	8	8	8	8	8	8	8	8		8	8	8	8	8	8

(注3) 鉄筋施工: 昭和48年改正政令による改正後の鉄筋施工とするものにあっては、選択科目を「鉄筋施工図作成作業」及び「鉄筋組立て作業」とするものの双方に合格した者に限られます。

(注4) 板金・板金工: 屋根工事業の有資格者として認められるのは、昭和48年改正政令による改正後の板金又は板金工とするものにあっては、選択科目を「建築板金作業」とするものに限られます。板金工事業の有資格者となる場合にはこの様な選択科目の限定はありません。

(注5) 土木: 昭和48年改正政令による改正後の土木とするものにあっては、選択科目を「建具製作作業」とするものに限られます。

❸ 指定学科一覧

● 建設業法施行規則第1条

許可を受けようとする建設業	指定学科
土木工事業	土木工学（農業土木、鉱山土木、森林土木、砂防、治山、緑地又は造園に関する学科を含む。以下同じ）都市工学、衛生工学又は交通工学に関する学科
舗装工事業	
建築工事業	建築学又は都市工学に関する学科
大工工事業	
ガラス工事業	
内装仕上工事業	
左官工事業	土木工学又は建築学に関する学科
とび・土工工事業	
石工事業	
屋根工事業	
タイル・れんが・ブロック工事業	
塗装工事業	
解体工事業	
電気工事業	電気工学又は電気通信工学に関する学科
電気通信工事業	
管工事業	土木工学、建築学、機械工学、都市工学又は衛生工学に関する学科
水道施設工事業	
鋼構造物工事業	土木工学、建築学又は機械工学に関する学科
鉄筋工事業	
しゅんせつ工事業	土木工学又は機械工学に関する学科
板金工事業	建築学又は機械工学に関する学科
防水工事業	土木工学又は建築学に関する学科
機械器具設置工事業	建築学、機械工学又は電気工学に関する学科
消防施設工事業	
熱絶縁工事業	土木工学、建築学又は機械工学に関する学科
造園工事業	土木工学、建築学、都市工学又は林学に関する学科
さく井工事業	土木工学、鉱山学、機械工学又は衛生工学に関する学科
建具工事業	建築学又は機械工学に関する学科

❹
［赤羽工業の完成した
申請書一式サンプル］

次ページ以降のサンプルは、
令和5年12月執筆時点の運用で
作成しております。

様式第一号 （第二条関係）

(用紙A4)
0 0 0 0 1

建 設 業 許 可 申 請 書

この申請書により、建設業の許可を申請します。
この申請書及び添付書類の記載事項は、事実に相違ありません。

令和　年　月　日

申請者 東京都北区赤羽2-6-4
　　　 株式会社赤羽工業
　　　 代表取締役 松本 太郎

代理人 東京都豊島区池袋1-1-1 桂行政書士事務所
　　　 行政書士 桂 一郎

~~地方整備局長~~
~~北海道開発局長~~
東京都知事 殿

行政庁側記入欄		大臣コード 知事									許可年月日	
許可番号	01			国土交通大臣 知事	許可(一般 特 - □) 第 □□□□□□ 号				令和 □□ 年 □□ 月 □□ 日			
申請の区分	02	□		1. 新規 2. 許可換え新規 3. 般・特新規	4. 業種追加 5. 更新 6. 般・特新規+業種追加	7. 般・特新規+更新 8. 業種追加+更新 9. 般・特新規+業種追加+更新		許可の有効 期間の調整	2	1. する 2. しない		
申請年月日	03		令和 □□ 年 □□ 月 □□ 日									

許可を受けよう とする建設業	04	土建大左と石屋電管タ鋼筋しゅ板ガ塗防内機絶通園井具水消清解										
申請時において 既に許可を受け ている建設業	05										(1. 一般 2. 特定)	
商号又は名称 のフリガナ	06	ア カ バ ネ コ ウ ギョ ウ										
商号又は名称	07	（株） 赤 羽 工 業										
代表者又は個人 の氏名のフリガナ	08	マ ツ モ ト 　 タ ロ ウ										
代表者又は 個人の氏名	09	松 本 　 太 郎					支配人の氏名					
主たる営業所の 所在地市区町村 コード	10	1 3 1 1 7		都道府県名	東京都		市区町村名	北区				
主たる営業所の 所 在 地	11	赤 羽 2 - 6 - 4										
郵 便 番 号	12	1 1 5 - 0 0 4 5		電話番号	0 3 - 1 2 3 4 - 2 2 2 3							

ファックス番号 03-1234-2223

				資本金額又は出資総額				法人番号			
法人又は個人の別	13	1	1. 法人 2. 個人	□ □ □ 6 0 0 0 (千円)				0 1 2 3 4 5 6 7 8 9 1 1 1			
兼 業 の 有 無	14	2	1. 有 2. 無	建設業以外に行つている営業の種類							

許可換えの区分	15	□	(1. 大臣許可→知事許可　2. 知事許可→大臣許可　3. 知事許可→他の知事許可)		
		大臣 知事 コード			旧許可年月日
旧 許 可 番 号	16	□ □	国土交通大臣 知事 許可(一般 特 - □□) 第 □□□□□□ 号 令和 □□ 年 □□ 月 □□ 日		

役員等、営業所及び営業所に置く専任の技術者については別紙による。

連絡先
所属等 桂行政書士事務所 　氏名 行政書士 桂 一郎 　電話番号 03-9876-1111
ファックス番号 03-9876-1112

別紙一 (用紙A4)

役 員 等 の 一 覧 表

令和　年　月　日

役員等の氏名及び役名等		
氏　　名	役　名　等	常勤・非常勤の別
マツモト　タロウ 松本　太郎	代表取締役	常勤
マツモト　ハナコ 松本　花子	取締役	常勤

1　法人の役員、顧問、相談役又は総株主の議決権の100分の5以上を有する株主若しくは出資の総額の100分の5以上に相当する出資をしている者（個人であるものに限る。以下「株主等」という。）について記載すること。
2　「株主等」については、「役名等」の欄には「株主等」と記載することとし、「常勤・非常勤の別」の欄に記載することを要しない。

別紙二 (用紙Ａ４)

営業所一覧表（新規許可等）

行政庁側記入欄

区　　分 ☐ 項番 8 1 1 ③

大臣コード
知事

許可番号 ☐ 項番 8 2 ☐☐ 国土交通大臣 許可（般 ⁵ー☐☐）第 ☐☐☐☐☐ ⁱ⁰号 許可年月日 令和 ☐☐年 ¹³☐☐月 ¹⁵☐☐日
　　　　　　　　　　　　　　　　　　知事　　　　　特

（主たる営業所）

主たる営業所の 名　　称 　フリガナ　ホンテン
　　　　　　　　　　本　店

営業しよう とする建設業 ☐ 8 3 土建大左と石屋電管タ鋼筋舗しゅ板ガ塗防内機絶通園井具水消清解
③　　　　５　　　　１０　　　　　１５　　　　　２０　　　　　２５　　　　　３０
☐☐☐☐☐☐☐☐☐☐☐☐☐☐☐☐☐☐☐☐☐☐☐☐☐☐☐☐ （1.一般 2.特定）

変更前 ☐☐☐☐☐☐☐☐☐☐☐☐☐☐☐☐☐☐☐☐☐☐☐☐☐☐☐☐

（従たる営業所）

従たる営業所の 名　　称 ☐ 8 4 　フリガナ
③　　　　５　　　　　　　　　　１０　　　　　　　　　　１５　　　　　　　　　　２０
☐☐☐☐☐☐☐☐☐☐☐☐☐☐☐☐☐☐
２３　　　　２５　　　　　　　　　３０　　　　　　　　　　３５　　　　　　　　　　４０
☐☐☐☐☐☐☐☐☐☐☐☐☐☐☐☐☐☐

内容

従たる営業所の 所在地市町村 コード ☐ 8 5 ③☐☐☐⁵☐☐ 都道府県名 _____ 市区町村名 _____

従たる営業所の 所　在　地 ☐ 8 6 ③　　　　５　　　　　　　　　　１０　　　　　　　　　　１５　　　　　　　　　　２０
☐☐☐☐☐☐☐☐☐☐☐☐☐☐☐☐☐☐
２３　　　　２５　　　　　　　　　３０　　　　　　　　　　３５　　　　　　　　　　４０
☐☐☐☐☐☐☐☐☐☐☐☐☐☐☐☐☐☐

郵便番号 ☐ 8 7 ☐☐☐ー☐☐☐☐ 電話番号 ¹⁰☐☐☐☐☐¹⁵☐☐☐☐☐²⁰☐☐☐☐☐

営業しよう とする建設業 ☐ 8 8 土建大左と石屋電管タ鋼筋舗しゅ板ガ塗防内機絶通園井具水消清解
③　　　　５　　　　１０　　　　　１５　　　　　２０　　　　　２５　　　　　３０
☐☐☐☐☐☐☐☐☐☐☐☐☐☐☐☐☐☐☐☐☐☐☐☐☐☐☐☐ （1.一般 2.特定）

変更前 ☐☐☐☐☐☐☐☐☐☐☐☐☐☐☐☐☐☐☐☐☐☐☐☐☐☐☐☐

（従たる営業所）

従たる営業所の 名　　称 ☐ 8 4 　フリガナ
③　　　　５　　　　　　　　　　１０　　　　　　　　　　１５　　　　　　　　　　２０
☐☐☐☐☐☐☐☐☐☐☐☐☐☐☐☐☐☐
２３　　　　２５　　　　　　　　　３０　　　　　　　　　　３５　　　　　　　　　　４０
☐☐☐☐☐☐☐☐☐☐☐☐☐☐☐☐☐☐

内容

従たる営業所の 所在地市町村 コード ☐ 8 5 ③☐☐☐⁵☐☐ 都道府県名 _____ 市区町村名 _____

従たる営業所の 所　在　地 ☐ 8 6 ③　　　　５　　　　　　　　　　１０　　　　　　　　　　１５　　　　　　　　　　２０
☐☐☐☐☐☐☐☐☐☐☐☐☐☐☐☐☐☐
２３　　　　２５　　　　　　　　　３０　　　　　　　　　　３５　　　　　　　　　　４０
☐☐☐☐☐☐☐☐☐☐☐☐☐☐☐☐☐☐

郵便番号 ☐ 8 7 ☐☐☐ー☐☐☐☐ 電話番号 ¹⁰☐☐☐☐☐¹⁵☐☐☐☐☐²⁰☐☐☐☐☐

営業しよう とする建設業 ☐ 8 8 土建大左と石屋電管タ鋼筋舗しゅ板ガ塗防内機絶通園井具水消清解
③　　　　５　　　　１０　　　　　１５　　　　　２０　　　　　２５　　　　　３０
☐☐☐☐☐☐☐☐☐☐☐☐☐☐☐☐☐☐☐☐☐☐☐☐☐☐☐☐ （1.一般 2.特定）

変更前 ☐☐☐☐☐☐☐☐☐☐☐☐☐☐☐☐☐☐☐☐☐☐☐☐☐☐☐☐

別紙四

専任技術者一覧表

令和　　年　　月　　日

営業所の名称	フリガナ 専任の技術者の氏名	建設工事の種類	有資格区分
本　店	マツモト タロウ 松本 太郎	内－4	02

様式第二号(第二条、第十三条の二、第十三条の三、第十九条の八関係)

(建設工事の種類) 内装仕上工事

工 事 経 歴 書

(税込・税抜)

(用紙A4)

注文者	元請又は下請の別	JVの別	工事名	工事現場のある都道府県及び市区町村名	配置技術者 氏名	主任技術者又は監理技術者の別（該当箇所に✓印を記載）主任技術者 / 監理技術者	請負代金の額（千円）うち、PC・法面処理・鋼橋上部	着工年月	完成又は完成予定年月
江川建設(株)	下請		C様邸 新築内装工事	東京都世田谷区	田中 和也	✓	3,350	令和4年2月	令和4年3月
江川建設(株)	下請		加田屋 整形外科 改修内装工事	東京都大田区	早川 隆太	✓	2,860	令和3年6月	令和3年7月
江川建設(株)	下請		A様邸 新築内装工事	東京都北区	松本 太郎	✓	2,740	令和3年8月	令和3年9月
江川建設(株)	下請		B様邸 新築内装工事	東京都目黒区	松本 太郎	✓	2,600	令和3年6月	令和3年7月
江川建設(株)	下請		秋山製作所本店事務所 改修内装工事	神奈川県横浜市	松本 太郎	✓	2,350	令和3年10月	令和3年11月
江川建設(株)	下請		四堺水道局事務所 改修内装工事	東京都世田谷区	田中 和也	✓	2,320	令和3年9月	令和3年10月
江川建設(株)	下請		SAKURA FLAT 新築内装工事	東京都世田谷区	松本 太郎	✓	2,200	令和4年4月	令和4年5月
江川建設(株)	下請		D様邸 新築内装工事	神奈川県川崎市	田中 和也	✓	2,100	令和4年3月	令和4年4月
江川建設(株)	下請		青羽マンション203号室 改修内装工事	東京都渋谷区	早川 隆太	✓	1,330	令和4年1月	令和4年2月
江川建設(株)	下請		アカシ事浦也支店 新築内装工事	東京都大田区	早川 隆太	✓	1,200	令和3年12月	令和4年1月
								令和 年 月	令和 年 月
								令和 年 月	令和 年 月
								令和 年 月	令和 年 月
小計					10 件		23,050	うち 元請工事 千円	
合計					119 件		142,386	うち 元請工事 千円	

様式第三号（第二条、第十三条の二、第十三条の三関係） （用紙Ａ４）

直前３年の各事業年度における工事施工金額

（税込・税抜）／単位：千円）

事 業 年 度	注文者の区分		許可に係る建設工事の施工金額				その他の建設工事の施工金額	合 計
			内装仕上工事	工事	工事	工事		
第 / 期 令和/年6月/5日から 令和2年5月3/日まで	元請	公共						
		民間						
	下 請		60,705				4,653	65,358
	計		60,705				4,653	65,358
第 2 期 令和2年6月/5日から 令和3年5月3/日まで	元請	公共						
		民間						
	下 請		85,60/				7,184	92,785
	計		85,60/				7,184	92,785
第 3 期 令和3年6月/5日から 令和4年5月3/日まで	元請	公共						
		民間						
	下 請		142,386				8,827	/5/,2/3
	計		142,386				8,827	/5/,2/3
第 期 令和 年 月 日から 令和 年 月 日まで	元請	公共						
		民間						
	下 請							
	計							
第 期 令和 年 月 日から 令和 年 月 日まで	元請	公共						
		民間						
	下 請							
	計							
第 期 令和 年 月 日から 令和 年 月 日まで	元請	公共						
		民間						
	下 請							
	計							

記載要領

1 この表には、申請又は届出をする日の直前３年の各事業年度に完成した建設工事の請負代金の額を記載すること。

2 「税込・税抜」については、該当するものに丸を付すこと。

3 「許可に係る建設工事の施工金額」の欄は、許可に係る建設工事の種類ごとに区分して記載し、「その他の建設工事の施工金額」の欄は、許可を受けていない建設工事について記載すること。

4 記載すべき金額は、千円単位をもって表示すること。
　ただし、会社法（平成17年法律第86号）第２条第６号に規定する大会社にあっては、百万円単位をもって表示することができる。この場合、「（単位：千円）」とあるのは「（単位：百万円）」として記載すること。

5 「公共」の欄は、国、地方公共団体、法人税法（昭和40年法律第34号）別表第一に掲げる公共法人（地方公共団体を除く。）及び第18条に規定する法人が注文者である施設又は工作物に関する建設工事の合計額を記載すること。

6 「許可に係る建設工事の施工金額」に記載する建設工事の種類が５業種以上にわたるため、用紙が２枚以上になる場合は、「その他の建設工事の施工金額」及び「合計」の欄は、最終ページにのみ記載すること。

7 当該工事に係る実績が無い場合においては、欄に「0」と記載すること。

様式第四号（第二条、第十三条の二、第十三条の三関係）　　　　　　　　　　　　　　　　（用紙Ａ４）

令和　　年　　月　　日

使 用 人 数

営 業 所 の 名 称	技 術 関 係 使 用 人		事務関係使用人	合　　　計
	建設業法第７条第２号イ、ロもしくはハ又は同法第15条第２号イもしくはハに該当する者	その他の技術関係使用人		
本　店	3 人	1 人	1 人	5 人
合　　計	3 人	1 人	1 人	5 人

記載要領

1　この表には、法第５条の規定（法第17条において準用する場合を含む。）に基づく許可の申請の場合は、当該申請をする日、法第11条第３項（法第17条において準用する場合を含む。）の規定に基づく届出の場合は、当該事業年度の終了の日において建設業に従事している使用人数を、法第17条の２の規定に基づく認可の申請の場合は、譲渡及び譲受け又は合併もしくは分割をした後に、法第17条の３の規定に基づく認可の申請の場合は、相続の認可を受けた後に建設業に従事する予定である使用人数を、営業所ごとに記載すること。

2　「使用人」は、役員、職員を問わず雇用期間を特に限定することなく雇用された者（申請者が法人の場合は常勤の役員を、個人の場合はその事業主を含む。）をいう。

3　「その他の技術関係使用人」の欄は、法第７条第２号イ、ロもしくはハ又は法第15条第２号イもしくはハに該当する者ではないが、技術関係の業務に従事している者の数を記載すること。

様式第六号（第二条、第十三条の二、第十三条の三関係）　　　　　　　　　　（用紙Ａ４）

誓　　約　　書

 の役員等及び建設業法施行令第３条に規定する
使用人並びに法定代理人及び法定代理人の役員等は、建設業法第８条各号（同法第17
において準用される場合を含む。）に規定されている欠格要件に該当しないことを誓
約します。

令和　　年　　月　　日

　　　　　　　　　　　　申　請　者　東京都北区赤羽２－６－４
　　　　　　　　　　　　~~譲　受　人~~　株式会社赤羽工業
　　　　　　　　　　　　~~合併存続法人~~　代表取締役　松本　太郎
　　　　　　　　　　　　~~分割承継法人~~

　　　　~~地方整備局長~~
　　　　~~北海道開発局長~~
　　　　東京都知事　　殿

記載要領

　｛申　請　者　　「申　請　者　　「地方整備局長
　　譲　受　人　｝、　譲　受　人　　、北海道開発局長　については不要なものを消すこと
　　合併存続法人　　合併存続法人
　　分割承継法人｝　分割承継法人」　　　　　　知事」

財 務 諸 表

（ 法 人 用 ）

様式第15号	貸 借 対 照 表
様式第16号	損 益 計 算 書
	完 成 工 事 原 価 報 告 書
様式第17号	株 主 資 本 等 変 動 計 算 書
様式第17号の2	注 記 表

第 3 期

事業年度 　自　令和 3 年 6 月 1 日
　　　　　至　令和 4 年 5 月 31 日

税抜き

（会社名）　　株式会社赤羽工業

様式第十五号（第四条、第十条、第十九条の四関係）

貸 借 対 照 表

令和 4 年 5 月 31 日　現在

（会社名）　株式会社赤羽工業

資 産 の 部

I　流 動 資 産　　　　　　　　　　　　　　　　　　　千円

現金預金	64,924
受取手形	
完成工事未収入金	2,806
売掛金（兼業）	171
有価証券	
未成工事支出金	
材料貯蔵品	
短期貸付金	210
前払費用	
繰延税金資産	
販売用資産	
未収入金	
立替金	
仮払金	1,000
その他	
貸倒引当金	
流動資産合計	69,113

II　固 定 資 産

（1）　有形固定資産

建物・構築物	4,949	
減価償却累計額		4,949
機械・運搬具		
減価償却累計額		
工具器具・備品		
減価償却累計額		
土　地		2,316
リース資産		
減価償却累計額		
建設仮勘定		
その他		
減価償却累計額		
有形固定資産合計		7,265

（2）　無形固定資産

特許権	
借地権	
のれん	
リース資産	

147

その他	─────────
無形固定資産合計	-------------
（3）　投資その他の資産	
投資有価証券	
関係会社株式・関係会社出資金	-------------
長期貸付金	-------------
破産更生債権等	-------------
長期前払費用	-------------
繰延税金資産	-------------
出資金	70
保証金	600
保険積立金	6,602
敷金	556
その他	-------------
貸倒引当金	-------------
投資その他の資産合計	7,828
固定資産合計	15,094
Ⅲ　繰　延　資　産	
創立費	
開業費	-------------
株式交付費	-------------
社債発行費	-------------
開発費	─────────
繰延資産合計	
資産合計	84,208

負　債　の　部

I　流　動　負　債

　　支払手形

　　工事未払金

　　買掛金（兼業）

　　短期借入金　　　　　　　　　　　　　　　　67

　　リース債務

　　未払金

　　未払消費税　　　　　　　　　　　　　　1,455

　　未払費用　　　　　　　　　　　　　　　　516

　　未払法人税等

　　繰延税金負債

　　未成工事受入金

　　預り金　　　　　　　　　　　　　　　　　　91

　　前受収益

　　引当金

　　仮受金

　　その他

　　　　流動負債合計　　　　　　　　　　　2,130

II　固　定　負　債

　　社債

　　長期借入金　　　　　　　　　　　　　73,875

　　リース債務

　　繰延税金負債

　　引当金

　　負ののれん

　　その他

　　　　固定負債合計　　　　　　　　　　73,875

　　　　負債合計　　　　　　　　　　　　76,005

純 資 産 の 部

I 株 主 資 本
　(1) 資本金 1,000
　(2) 新株式申込証拠金 ....
　(3) 資本剰余金 ....
　　　資本準備金 ....
　　　その他資本剰余金 ....
　　　資本剰余金合計 ....
　(4) 利益剰余金 ....
　　　利益準備金 ....
　　　その他利益剰余金 ....
　　　　準備金 ....
　　　　積立金 ....
　　　繰越利益剰余金 7,202
　　　利益剰余金合計 7,202
　(5) 自己株式 ....
　(6) 自己株式申込証拠金 ....
　　　　株主資本合計 8,202

II 評 価 ・ 換 算 差 額 等
　(1) その他有価証券評価差額金 ....
　(2) 繰延ヘッジ損益 ....
　(3) 土地再評価差額金 ....
　　　　評価・換算差額等合計 ....

III 新 株 予 約 権
　　　純資産合計 8,202
　　　負債純資産合計 84,208

様式第十六号（第四条、第十条、第十九条の四関係）

損 益 計 算 書

自　平成 30 年 6 月 1 日
至　令和 1 年 5 月 31 日

（会社名）株式会社赤羽工業

I　売 上 高　　　　　　　　　　　　　　　　　　　　　　千円
　　完成工事高　　　　　　　　151,213
　　兼業事業売上高　　　　　　　　　　　　　　151,213

II　売 上 原 価
　　完成工事原価　　　　　　　123,087
　　兼業事業売上原価　　　　　　　　0　　　123,087
　　売上総利益（売上総損失）
　　完成工事総利益（完成工事総損失）　28,126
　　兼業事業総利益（兼業事業総損失）　　　　28,126

III　販 売 費 及 び 一 般 管 理 費
　　役員報酬　　　　　　　　　10,800
　　従業員給料手当
　　退職金　　　　　　　　　　　540
　　法定福利費　　　　　　　　1,653
　　福利厚生費
　　修繕維持費　　　　　　　　　375
　　事務用品費　　　　　　　　　51
　　通信交通費　　　　　　　　　689
　　動力用水光熱費　　　　　　　207
　　調査研究費
　　広告宣伝費
　　貸倒引当金繰入額
　　貸倒損失
　　交際費　　　　　　　　　　1,576
　　寄付金
　　地代家賃
　　減価償却費　　　　　　　　　252
　　開発費償却
　　租税公課　　　　　　　　　3,011
　　保険料　　　　　　　　　　2,762
　　車両関連費　　　　　　　　2,342
　　賃借料　　　　　　　　　　2,238
　　消耗品費　　　　　　　　　　401
　　通信費　　　　　　　　　　　692
　　支払手数料　　　　　　　　3,614

会議費	495	
諸会費	65	31,772
雑費		△ 3,646
営業利益（営業損失）		

IV 営 業 外 収 益

受取利息及び配当金	0	
受取配当金	0	
雑収入	8,029	
その他		8,031

V 営 業 外 費 用

支払利息	988	
貸倒引当金繰入額		
貸倒損失		
その他		988
経常利益（経常損失）		3,396

VI 特 別 利 益

前期損益修正益		
その他		

VII 特 別 損 失

前期損益修正損		
その他		
税引前当期純利益（税引前当期純損失）		3,396
法人税、住民税及び事業税	10	
法人税等調整額		10
当期純利益（当期純損失）		3,386

完 成 工 事 原 価 報 告 書

自　平成 30 年 6 月 1 日
至　令和 1 年 5 月 31 日

(会社名)　株式会社赤羽工業

千円

Ⅰ	材　料　費	2,831
Ⅱ	労　務　費	12,825
	（うち労務外注費　　　　　）	
Ⅲ	外　注　費	58,478
Ⅳ	経　　　費	48,951
	（うち人件費　　　16,986）	
	完成工事原価	123,087

様式第十七号（第四条、第十条、第十九条の四関係）

株主資本等変動計算書

自 令和 3 年 6 月 1 日
至 令和 4 年 5 月 31 日

（会社名）株式会社赤羽工業

単位：千円

	株主資本 資本金	資本準備金	その他資本剰余金	資本剰余金合計	利益準備金	積立金	繰越利益剰余金	利益剰余金合計	自己株式	自己株式申込証拠金	株主資本合計	その他有価証券評価差額金	繰延ヘッジ損益	土地再評価差額金	評価・換算差額等合計	新株予約権	純資産合計
当期首残高	1,000						3,816	3,816			4,816						4,816
当期変動額																	
新株の発行																	
剰余金の配当																	
当期純利益							3,386	3,386			3,386						3,386
自己株式の処分																	
株主資本以外の項目の当期変動額（純額）																	
当期変動額合計							3,386	3,386			3,386						3,386
当期末残高	1,000						7,202	7,202			8,202						8,202

様式第十七号の二（第四条、第十条、第十九条の四関係）

注 記 表

自　　令和 3 年 6 月 / 日
至　　令和 / 年 5 月 3/ 日

（会社名）株式会社赤羽工業

注

1 継続企業の前提に重要な疑義を生じさせるような事象又は状況
　　該当なし

2 重要な会計方針
（1）資産の評価基準及び評価方法
　　　有価証券の評価基準及び評価方法
　　　　時価のあるもの：移動平均法による原価法
　　　　時価のないもの：移動平均法による原価法
　　　棚卸資産の評価基準及び評価方法
　　　　最終仕入原価法を採用しております

（2）固定資産の減価償却の方法
　　　有形固定資産：定率法　　無形固定資産：定額法

（3）引当金の計上基準
　　　該当なし

（4）収益及び費用の計上基準
　　　工事完成基準

（5）消費税及び地方消費税に相当する額の会計処理の方法
　　　税抜処理

（6）その他貸借対照表、損益計算書、株主資本等変動計算書、注記表作成のための
　　　基本となる重要な事項
　　　該当なし

3 会計方針の変更
　　該当なし

4 表示方法の変更
　　該当なし

5 会計上の見積りの変更
　　該当なし

6 誤謬の訂正
　　該当なし

7 貸借対照表関係
（1）担保に供している資産及び担保付債務
　　①担保に供している資産の内容及びその金額
　　　該当なし

②担保に係る債務の金額
　　　　該当なし
（2）保証債務、手形遡求債務、重要な係争事件に係る損害賠償義務等の内容及び金額
　　　受取手形割引高　　　　０千円
　　　裏書手形譲渡高　　　　０千円
　　　　該当なし
（3）関係会社に対する短期金銭債権及び長期金銭債権並びに短期金銭債務及び
　　長期金銭債務
　　　　該当なし
（4）取締役、監査役及び執行役との間の取引による取締役、監査役及び執行役に
　　対する金銭債権及び金銭債務
　　　　該当なし
（5）親会社株式の各表示区分別の金額
　　　　該当なし
（6）工事損失引当金に対応する未成工事支出金の金額
　　　　該当なし

8　損益計算書関係
（1）工事進行基準による完成工事高
　　　　該当なし
（2）売上高のうち関係会社に対する部分
　　　　該当なし
（3）売上原価のうち関係会社からの仕入高
　　　　該当なし
（4）売上原価のうち工事損失引当金繰入額
　　　　該当なし
（5）関係会社との営業取引以外の取引高
　　　　該当なし
（6）研究開発費の総額（会計監査人を設置している会社に限る。）
　　　　該当なし

9　株主資本等変動計算書関係
（1）事業年度末日における発行済株式の種類及び数
　　　普通株式１００株
（2）事業年度末日における自己株式の種類及び数
　　　　該当なし
（3）剰余金の配当
　　　　該当なし
（4）事業年度末において発行している新株予約権の目的となる株式の種類及び数
　　　　該当なし

10　税効果会計
　　　該当なし

11 リースにより使用する固定資産
　　　　該当なし

12 金融商品関係
　（1）　金融商品の状況
　　　　　該当なし

　（2）　金融商品の時価等
　　　　　該当なし

13 賃貸等不動産関係
　（1）　賃貸等不動産の状況
　　　　　該当なし

　（2）　賃貸等不動産の時価
　　　　　該当なし

14 関連当事者との取引
　取引の内容

種類	会社等の名称又は氏名	議決権の所有(被所有)割合	関係内容	科目	期末残高(千円)

　　ただし、会計監査人を設置している会社は以下の様式により記載する。

　（1）　取引の内容

種類	会社等の名称又は氏名	議決権の所有(被所有)割合	関係内容	取引の内容	取引金額	科目	期末残高(千円)

　（2）　取引条件及び取引条件の決定方針
　　　　　該当なし

　（3）　取引条件の変更の内容及び変更が貸借対照表、損益計算書に与える影響の内容
　　　　　該当なし

15 一株当たり情報
　（1）　一株当たりの純資産額
　　　　　記載省略

　（2）　一株当たりの当期純利益又は当期純損失
　　　　　記載省略

16 重要な後発事象
　　　　該当なし

17 連結配当規制適用の有無
　　　　該当なし

18 その他
　　　　該当なし

157

様式第二十号（第四条関係）   （用紙Ａ４）

営 業 の 沿 革

創業以後の沿革	令和1年 6月 15日	設 立	
	年 月 日		
	年 月 日		
	年 月 日		
	年 月 日		
	年 月 日		
	年 月 日		

建設業の登録及び許可の状況	年 月 日	
	年 月 日	
	年 月 日	
	年 月 日	
	年 月 日	
	年 月 日	
	年 月 日	
	年 月 日	
	年 月 日	

賞罰	年 月 日	なし
	年 月 日	
	年 月 日	
	年 月 日	

記載要領
1 「創業以後の沿革」の欄は、創業、商号又は名称の変更、組織の変更、合併又は分割、資本金額の変更、営業の休止、営業の再開等を記載すること。
2 「建設業の登録及び許可の状況」の欄は、建設業の最初の登録及び許可等（更新を除く。）について記載すること。
3 「賞罰」の欄は、行政処分等についても記載すること。

様式第二十号の二（第四条関係）

(用紙Ａ４)

所 属 建 設 業 者 団 体

団 体 の 名 称	所 属 年 月 日
なし	

記載要領

「団体の名称」の欄は、法第27条の37に規定する建設業者の団体の名称を記載すること。

様式第七号の三（第三条、第七条の二関係）　　　　　　　　　　　　　　　　　　（用紙A 4）

健康保険等の加入状況

（1）健康保険等の加入状況は下記のとおりです。
（2）下記のとおり、健康保険等の加入状況に変更があったので、提出します。

令和　　年　　月　　日

~~地方整備局長~~
~~北海道開発局長~~
東京都 知事 殿

東京都北区赤羽2-6-4
申請者 株式会社赤羽工業
届出者 代表取締役　松本　太郎

許可番号　国土交通大臣　許可（般特－　）第　　　号　　許可年月日　令和　　年　　月　　日
　　　　　知事

（営業所毎の保険の加入状況）

営業所の名称	従業員数	保険の加入状況			事業所整理記号等	
		健康保険	厚生年金保険	雇用保険		
本　店	5人 （2人）	／	／	／	健康保険	クモハ03　4567
					厚生年金保険	クモハ03　4567
					雇用保険	13-3-11111-000
	人 （　人）				健康保険	
					厚生年金保険	
					雇用保険	
	人 （　人）				健康保険	
					厚生年金保険	
					雇用保険	
	人 （　人）				健康保険	
					厚生年金保険	
					雇用保険	
	人 （　人）				健康保険	
					厚生年金保険	
					雇用保険	
合　計	人 （　人）					

様式第二十号の三（第四条関係）　　　　　　　　　　　　　　　　　　　　　　　　　（用紙Ａ４）

主 要 取 引 金 融 機 関 名

政府関係金融機関	普 通 銀 行 長 期 信 用 銀 行	株式会社商工組合中央金庫 信用金庫・信用協同組合	その他の金融機関
	四智銀行 赤羽支店		

記載要領
1　「政府関係金融機関」の欄は、独立行政法人住宅金融支援機構、株式会社日本政策金融公庫、株式会社日本政策
　投資銀行等について記載すること。
2　各金融機関とも、本所、本店、支所、支店、営業所、出張所等の区別まで記載すること。
　（例　○○銀行○○支店）

161

別とじ表紙

郵　新　更　追　変　決

※「会社名又は個人名」欄、許可番号を御記入ください。

会社名又は個人名	株式会社赤羽工業
許　可　番　号	東京都　知事許可（般・特）　―　第　　　　　号
受　付　年　月　日	令和　　　年　　　月　　　日

1　申請区分（申請の場合、該当する区分に○を付けてください。）

①	新規	2	許可換え新規	3	般・特新規
4	業種追加	5	更新	6	般・特新規＋業種追加
7	般・特新規＋更新	8	業種追加＋更新	9	般・特新規＋業種追加＋更新
10	譲渡及び譲受け	11	合併	12	分割
13	相続				

2　変更事項（変更届の場合、該当する変更事項に○を付けてください。）

1	商号	2	営業所 （名称、所在地、新設、廃止）	3	資本金額
4	役員等 （就任、辞（退）任、代表者、氏名 （改姓・改名））	5	支配人	6	建設業法施行令第3条に 規定する使用人
7	常勤役員等	8	健康保険の加入状況	9	専任技術者
10	決算報告	11	一部廃業		

3　書類名（添付書類に○を付けてください。）

①	常勤役員等証明書 （経管責任者用）	②	常勤役員等略歴書 （経管責任者用）	3	常勤役員等及び補佐者 証明書
4	常勤役員等略歴書 （補佐者を伴う者）	5	補佐者略歴書 （補佐者共通）	⑥	専任技術者証明書
7	【技術者の資格要件を証する書類（別とじ添付用）】※添付したものに○ 　・修業（卒業）証明書　　　　・資格認定証明書写し　　　・実務経験証明書 　・指導監督的実務経験証明書　・監理技術者資格者証写し				
⑧	許可申請者の調書	9	建設業法施行令第3条に 規定する使用人の調書	⑩	株主（出資者）調書
⑪	登記事項証明書	⑫	納税証明書	13	届出書(様式第22号の3)

様式第七号（第三条関係）

（用紙Ａ４）

0	0	0	0	2

常勤役員等（経営業務の管理責任者等）証明書

(1) 下記の者は、建設業に関し、次のとおり第7条第1号イ $\begin{Bmatrix}(1)\\(2)\\(3)\end{Bmatrix}$ に掲げる経験を有することを証明します。

役　職　名　等　**事業主**

経　験　年　数　**平成29年 1月** から **令和1年 5月** まで 満 **2** 年 **5** 月

証明者と被証明者との関係　**本人**

備　　　　考

令和　年　月　日

東京都北区赤羽2-6-4
元事業主
証明者　松本　太郎

(2) 下記の者は、許可申請者 $\begin{Bmatrix}\text{の常勤の役員}\\\text{本　　人}\\\text{の支配人}\end{Bmatrix}$ で第7条第1号イ $\begin{Bmatrix}(1)\\(2)\\(3)\end{Bmatrix}$ に該当する者であることに相違ありません。

令和　年　月　日

東京都北区赤羽2-6-4
株式会社赤羽工業
申請者　代表取締役　松本　太郎
届出者

地方整備局長
北海道開発局長
東京都 知事　殿

申請又は届出の区分 ┃ 項番 1 ┃ | 7 | 7 |　（1．新規　　2．変更　　3．常勤役員等の更新等）

変更の年月日　令和　年　月　日

許可番号 ┃ 項番 1 ┃ 8 ┃ ┃ ┃ 大臣知事コード ┃ 国土交通大臣 許可 ┃ 般 ┃ 特 ┃ — ┃ ┃ 第 ┃ ┃ ┃ ┃ ┃ ┃ 号 ┃ 令和 ┃ ┃ 年 ┃ ┃ 月 ┃ ┃ 日　許可年月日

記

◎【新規・変更後・常勤役員等の更新等】

氏名のフリガナ	項番 1	9	マ	ツ							元号〔令和R、平成H、昭和S、大正T、明治M〕

氏　　　　名 ┃ 2 0 ┃ 松 本 　 太 郎 ┃ ┃ ┃ ┃ ┃ ┃ 生年月日 S 6 1 年 0 4 月 1 5 日

住　　　　所　東京都北区赤羽2-6-4

◎【変　更　前】

元号〔令和R、平成H、昭和S、大正T、明治M〕

氏　　　　名 ┃ 2 1 ┃ ┃ ┃ ┃ ┃ ┃ ┃ ┃ 生年月日 ┃ ┃ 年 ┃ ┃ 月 ┃ ┃ 日

備考
　常勤役員等の略歴については、別紙による。

様式第七号（第三条関係）　　　　　　　　　　　　　　　　　　　　　　　　　　（用紙A4）

0	0	0	0	2

常勤役員等（経営業務の管理責任者等）証明書

(1) 下記の者は、建設業に関し、次のとおり第7条第1号イ ~~(1)~~ ~~(2)~~ ~~(3)~~ に掲げる経験を有することを証明します。

役 職 名 等　**代表取締役**

経 験 年 数　**令和 1 年 7 月**から　**令和4 年 12月**まで　満 **3** 年 **6** 月

証明者と被証
明者との関係　**役員**

備　　　　考

　　　　　　　　　　　　　　　　　　　　　　　　　令和　年　月　日

　　　　　　　　　　　　　　　　　　東京都北区赤羽2－6－4
　　　　　　　　　　　　　　　　　　株式会社赤羽工業
　　　　　　　　　　　　　　証明者　**代表取締役　松本　太郎**

(2) 下記の者は、許可申請者 { ~~の常勤の役員~~ / ~~本　　人~~ / ~~の支配人~~ } で第7条第1号イ { (1) / ~~(2)~~ / ~~(3)~~ } に該当する者であることに相違ありません。

　　　　　　　　　　　　　　　　　　　　　　　　　令和　年　月　日

　　　　　　　　　　　　　　　　　　東京都北区赤羽2－6－4
　~~地方整備局長~~　　　　　　　　　　　**株式会社赤羽工業**
　~~北海道開発局長~~　　　　　申請者　**代表取締役　松本　太郎**
　東京都知事　殿　　　　　~~届出者~~

申 請 又 は　項番 [1][7][1]　（1．新規　　2．変更　　　3．常勤役員等の更新等）
届出の区分

変 更 の
年 月 日　令和　年　月　日

　　　　　大臣
　　　　　知事コード　　　　　　　　　　　　　　　　　許可年月日
許 可 番 号　[1][8][ ][ ]　国土交通大臣
　　　　　　　　　　　　知事許可(般-特-□□)第□□□□□□号　令和□□年□□月□□日

記

◎【新規・変更後・常勤役員等の更新等】

氏名のフリガナ　[1][9][マ][ツ]　元号〔令和R、平成H、昭和S、大正T、明治M〕

氏 　　 名　[2][0][松][本][ ][太][郎][ ][ ][ ]　生年月日 [S][6][1]年[0][4]月[1][5]日

住　　 所　**東京都北区赤羽2－6－4**

◎【変 更 前】

　　　　　　　　　　　　　　　　　　元号〔令和R、平成H、昭和S、大正T、明治M〕

氏 　　 名　[2][1][ ][ ][ ][ ][ ][ ][ ][ ]　生年月日 [ ][ ]年[ ][ ]月[ ][ ]日

備考
　常勤役員等の略歴については、別紙による。

別紙 (用紙A4)

常 勤 役 員 等 の 略 歴 書

現　住　所	東京都北区赤羽3-6-1		
氏　　　名	松本　太郎	生 年 月 日	昭和61年 4 月 15 日生
職　　　名	代表取締役		

	期　　　間	従 事 し た 職 務 内 容
職 歴	自平成16年 4月 1日 至平成22年12月31日	株式会社関東工業　勤務
	自平成23年 1月 1日 至令和1年 6月22日	個人事業主
	自令和1年 6月23日 至　年　月　日	株式会社赤羽工業　設立　代表取締役就任
	自　年　月　日 至　年　月　日	以上、現在に至る。
	自　年　月　日 至　年　月　日	
	自　年　月　日 至　年　月　日	
	自　年　月　日 至　年　月　日	
	自　年　月　日 至　年　月　日	
	自　年　月　日 至　年　月　日	
	自　年　月　日 至　年　月　日	
	自　年　月　日 至　年　月　日	
	自　年　月　日 至　年　月　日	

	年　月　日	賞　罰　の　内　容
賞 罰	年　月　日	なし
	年　月　日	
	年　月　日	
	年　月　日	

上記のとおり相違ありません。

令和　年　月　日　　　　　　　　氏 名　松本 太郎

記載要領
※「賞罰」の欄は、行政処分等についても記載すること。

様式第八号（第三条関係）　　　　　　　　　　　　　　　　　　　　　　　（用紙A4）

専任技術者証明書（新規・変更）

①下記のとおり、{建設業法第7条第2号／建設業法第15条第2号}に規定する専任の技術者を営業所に置いていることに相違ありません。
(2)下記のとおり、専任の技術者の交替に伴う削除の届出をします。

令和　年　月　日

地方整備局長
北海道開発局長
東京都知事　殿

東京都北区赤羽2-6-4
申請者 株式会社赤羽工業
届出者 代表取締役　松本　太郎

区　　分　6 1 1　1.新規許可 2.専任技術者の担当業種 3.専任技術 4.専任技術者の 5.専任技術者が置かれ
大臣コード　　　　　等　又は有資格区分の変更　者の追加　交替に伴う削除　る営業所のみの変更
知事

許可番号　6 2 7 3　国土交通大臣／東京都知事許可（般・特-□□）第□□□□□号　令和□□年□□月□□日許可年月日

記

氏　名　6 3　マツ 松本　太郎　　生年月日 S 6 1年04月15日

今後担当する建設工事の種類　6 4　　　　　　　　　　　4
現在担当している建設工事の種類

有資格区分　6 5　0 2

変更、追加又は削除の年月日　令和　年　月　日
専任技術者の住所　東京都北区赤羽3-6-1
営業所の名称（旧所属）
営業所の名称（新所属）　本店

氏　名　6 3　　　生年月日　　年　月　日
今後担当する建設工事の種類　6 4
現在担当している建設工事の種類
有資格区分　6 5

氏　名　6 3
今後担当する建設工事の種類　6 4
現在担当している建設工事の種類
有資格区分　6 5

様式第九号（第三条関係）   （用紙Ａ４）

実 務 経 験 証 明 書

下記の者は **内装仕上** 工事に関し、下記のとおり実務の経験を有することに相違ないことを証明します。

株式会社関東工業   令和　年　月　日
東京都知事許可(般-2)第○○○号 建,大,屋,内
許可期間：H2.4.15〜   東京都荒川区 1-2-3
　　　　　　　　　　　　　　　　　　　　　　　株式会社関東工業
　　　　　　　　　　　　　　　証　明　者　代表取締役 髙田 久

　　　　　　　　　　　被証明者との関係　元従業員

記

技術者の氏名	松本 太郎	生年月日	昭和61年4月15日	使用された期間	平成16年 4月から
使用者の商号又は名称	株式会社関東工業				平成22年 12月まで
職　名	実 務 経 験 の 内 容			実 務 経 験 年 数	
現場施工技術者	赤羽ハウス改修内装工事　　　他16件			平成16年4月から平成16年12月まで	
現場施工技術者	練馬ガーデンハウス新築内装工事　他14件			平成17年1月から平成17年12月まで	
現場施工技術者	芝パークハイム新築内装工事　　他21件			平成18年1月から平成18年12月まで	
現場施工技術者	コープマート東村山店改修内装工事　他28件			平成19年1月から平成19年12月まで	
現場責任者	カラオケマックス赤坂店新店内装工事　他23件			平成20年1月から平成20年12月まで	
現場責任者	呑み処華厳の池北池袋店改修内装工事　他24件			平成21年1月から平成21年12月まで	
現場責任者	リバーサイドハイク改修内装工事　他18件			平成22年1月から平成22年12月まで	
				年　月から　　年　月まで	
				年　月から　　年　月まで	
				年　月から　　年　月まで	
				年　月から　　年　月まで	
				年　月から　　年　月まで	
				年　月から　　年　月まで	
				年　月から　　年　月まで	
使用者の証明を得ることができない場合はその理由				合計　6　年　9　月	

記載要領
1　この証明書は、許可を受けようとする建設業に係る建設工事の種類ごとに、被証明者１人について、証明者別に作成すること。
2　「職名」の欄は、被証明者が所属していた部課名等を記載すること。
3　「実務経験の内容」の欄は、従事した主な工事名等を具体的に記載すること。
4　「合計　満　年　月」の欄は、実務経験年数の合計を記載すること。

167

様式第九号 (第三条関係)　　　　　　　　　　　　　　　　　　　　　　　　　(用紙Ａ４)

実 務 経 験 証 明 書

下記の者は **内装仕上** 工事に関し、下記のとおり実務の経験を有することに相違ないことを証明します。

令和　年　月　日

東京都北区赤羽２－６－４
株式会社赤羽工業
証　明　者　代表取締役　松本　太郎

被証明者との関係　**役員**

記

技術者の氏名	**松本 太郎**	生年月日	**昭和61年4月15日**	使用された 期 間	**令和 1 年 6 月から**
使用者の商号 又 は 名 称	**株式会社赤羽工業**				**令和 4 年 12 月まで**
職 名	実 務 経 験 の 内 容			実 務 経 験 年 数	
代表取締役	北区6丁目計画内装工事　　　他25件			令和1年 7月から 令和1年12月まで	
代表取締役	板橋陽だまりハウス改修内装工事　他26件			令和2年1月から 令和2年12月まで	
代表取締役	介護ハウス憩い富士見台改修内装工事 他29件			令和3年1月から 令和3年12月まで	
代表取締役	焼きトン徒然北要町店新築内装工事 他22件			令和4年1月から 令和4年12月まで	
				年 月から 年 月まで	
				年 月から 年 月まで	
				年 月から 年 月まで	
				年 月から 年 月まで	
				年 月から 年 月まで	
				年 月から 年 月まで	
				年 月から 年 月まで	
				年 月から 年 月まで	
				年 月から 年 月まで	
				年 月から 年 月まで	
使用者の証明を得 ることができない 場合はその理由				合計 **3** 年 **6** 月	

記載要領
1　この証明書は、許可を受けようとする建設業に係る建設工事の種類ごとに、被証明者１人について、証明者別に作成すること。
2　「職名」の欄は、被証明者が所属していた部課名等を記載すること。
3　「実務経験の内容」の欄は、従事した主な工事名等を具体的に記載すること。
4　「合計 満 年 月」の欄は、実務経験年数の合計を記載すること。

様式第十二号（第四条関係）　　　　　　　　　　　　　　　　　　　　　（用紙A4）

許可申請者（法人の役員等／本　人／法定代理人／法定代理人の役員等）の住所、生年月日等に関する調書

住　　所	東京都北区赤羽2-6-4		
氏　　名	松本　花子	生年月日	平成1年4月18日生
役名等	取締役		

賞罰	年　月　日	賞罰の内容
	年　月　日	なし
	年　月　日	
罰	年　月　日	
	年　月　日	
	年　月　日	

上記のとおり相違ありません。

令和　年　月　日　　　　　　　　　氏名　松本　花子

記載要領

1　「（法人の役員等／本人／法定代理人／法定代理人の役員等）」については、不要のものを消すこと。
2　法人である場合においては、法人の役員、顧問、相談役又は総株主の議決権の100分の5以上を有する株主若しくは出資の総額の100分の5以上に相当する出資をしている者（個人であるものに限る。以下「株主等」という。）について記載すること。
3　株主等については、「役名等」の欄には「株主等」と記載することとし、「賞罰」欄及び確認欄への記載を要しない。
4　顧問及び相談役については、「賞罰」欄及び確認欄への記載を要しない。
5　「賞罰」の欄は、行政処分等についても記載すること。
6　様式第7号別紙又は様式第7号の2別紙に記載のある者については、本様式の作成を要しない。

様式第十四号（第四条関係）　　　　　　　　　　　　　　　　　　　　　　　　（用紙A 4）

株 主 （ 出 資 者 ） 調 書

株主（出資者）名	住　　　　所	所有株数又は出資の価額
松本　太郎	東京都北区赤羽2-6-4	300株
松本　花子	東京都北区赤羽2-6-4	100株

記載要領

　この調書は、総株主の議決権の100分の5以上を有する株主又は出資の総額の100分の5以上に相当する出資をしている者について記載すること。

役員等氏名一覧表

郵 新 更 追 変

太枠内のみ記入してください。

（フリガナ） アカバネコウギョウ

申請者 株式会社赤羽工業

建設業許可番号

（般・特）第　　　　　　号

都
記
入

受付日　　　／　　　／　　　　受付番号

業種　　　　　　　　　　　担当者　　　　　No.

役員等の氏名	生 年 月 日	役員等の氏名	生 年 月 日
フリガナ マツモト タロウ 松本 太郎	M T Ⓢ H R　61年4月15日	フリガナ	M T S H R　年 月 日
フリガナ マツモト ハナコ 松本 花子	M T S Ⓗ R　1年4月18日	フリガナ	M T S H R　年 月 日
フリガナ	M T S H R　年 月 日	フリガナ	M T S H R　年 月 日
フリガナ	M T S H R　年 月 日	フリガナ	M T S H R　年 月 日
フリガナ	M T S H R　年 月 日	フリガナ	M T S H R　年 月 日
フリガナ	M T S H R　年 月 日	フリガナ	M T S H R　年 月 日
フリガナ	M T S H R　年 月 日	フリガナ	M T S H R　年 月 日
フリガナ	M T S H R　年 月 日	フリガナ	M T S H R　年 月 日

注1　「役員等」とは、申請者が法人の場合には、取締役等（別表役員等欄に記載の者）及び建設業法施行令
　　　第3条に規定する使用人を、個人の場合には、事業主・支配人をいいます。

注2　知事許可の新規・追加・更新申請の際に、役員等を全員記入してください。

注3　役員等の変更届の際は、新たに就任した者のみを記入してください。

❺
［建設業許可取得後の案内書］

● 申請書返却時に同封する案内のサンプル

建設業許可ご取得
おめでとうございます！

　建設業許可ご取得おめでとうございます。そしてお疲れ様でした。しかし、大変な苦労をして取得した建設業許可を無くさないために大切なことがあります。

１．毎年提出する書類

　◉ 決算変更届（事業年度報告）

　＊毎年、決算終了月から４カ月以内に作成して行政機関へ提出する義務があります。

２．都度提出する書類

　◉ 変更届（内容により期限が異なります）

　＊変更事項があった場合、行政機関に報告義務があります。

　《具体例》 ●役員が新たに就任した
　　　　　　 ●役員が辞任した
　　　　　　 ●電話番号を変更した
　　　　　　 ●本店住所を変更した
　　　　　　 ●資本金を増資した・・・・など

３．５年毎に提出する書類

　◉ 建設業許可更新申請書

　＊許可期限の30日前までに提出する必要があります。

　《具体例》許可日：平成 30 年６月 15 日
　　　　　　➡ 更新申請書提出期限：令和５年５月 14 日

　上記の書類提出を怠ると許可が無くなってしまいます。

❻ 全国の建設業許可申請主管部局一覧 [2024年3月現在]

● 都道府県知事許可に関する問い合わせ先

都道府県名	主 管 課	電話番号
北 海 道	建設部建設政策局建設管理課	011(231)4111
青 森 県	県土整備部監理課	017(722)1111
岩 手 県	県土整備部建設技術振興課	019(651)3111
宮 城 県	土木部事業管理課	022(211)3116
秋 田 県	建設部建設政策課	018(860)2425
山 形 県	県土整備部建設企画課	023(630)2658
福 島 県	土木部技術管理課建設産業室	024(521)7452
茨 城 県	土木部監理課	029(301)1111
栃 木 県	県土整備部監理課	028(623)2390
群 馬 県	県土整備部建設企画課	027(223)1111
埼 玉 県	県土整備部建設管理課	048(824)2111
千 葉 県	県土整備部建設・不動産業課建設業班	043(223)3110
東 京 都	都市整備局市街地建築部建設業課	03(5321)1111
神奈川県	県土整備局事業管理部建設業課	045(313)0722
新 潟 県	土木部監理課建設業室	025(285)5511
山 梨 県	県土整備部県土整備総務課建設業対策室	055(237)1111
長 野 県	建設部建設政策課建設業係	026(232)0111
富 山 県	土木部建設技術企画課	076(431)4111
石 川 県	土木部監理課建設業振興グループ	076(225)1111
岐 阜 県	県土整備部技術検査課	058(272)1111
静 岡 県	交通基盤部建設業課	054(221)3058
愛 知 県	都市整備局都市基盤部都市総務課	052(954)6502
三 重 県	県土整備部建設業課	059(224)2660
福 井 県	土木部土木管理課	0776(21)1111

都道府県名	主 管 課	電話番号
滋 賀 県	土木交通部監理課	077(528)4114
京 都 府	建設交通部指導検査課	075(451)8111
大 阪 府	住宅まちづくり部建築振興課	06(6210)9735
兵 庫 県	県土整備部県土企画局総務課建設業室	078(341)7711
奈 良 県	県土マネジメント部建設業・契約管理課	0742(22)1101
和歌山県	県土整備部県土整備政策局技術調査課	073(432)4111
鳥 取 県	県土整備部県土総務課	0857(26)7347
島 根 県	土木部土木総務課建設産業対策室	0852(22)5185
岡 山 県	土木部監理課建設業班	086(226)7463
広 島 県	土木建築局建設産業課建設業グループ	082(228)2111
山 口 県	土木建築部監理課建設業班	083(933)3629
徳 島 県	県土整備部建設管理課	088(621)2519
香 川 県	土木部土木監理課契約・建設業グループ	087(831)1111
愛 媛 県	土木部土木管理局土木管理課	089(941)2111
高 知 県	土木部土木政策課	088(823)1111
福 岡 県	建築都市部建築指導課	092(651)1111
佐 賀 県	県土整備部建設・技術課	0952(25)7153
長 崎 県	土木部監理課	095(894)3015
熊 本 県	土木部監理課	096(333)2485
大 分 県	土木建築部土木建築企画課	097(536)1111
宮 崎 県	県土整備部管理課	0985(26)7176
鹿児島県	土木部監理課	099(286)2111
沖 縄 県	土木建築部技術・建設業課	098(866)2374

● 国土交通大臣許可に関する申請先・問い合わせ先

地方整備局等名	担 当 部 課 等 名	郵便番号（〒）
北海道開発局	事業振興部建設産業課	060-8511
東北地方整備局	建政部建設産業課	980-8602
関東地方整備局	建政部建設産業第一課	330-9724
北陸地方整備局	建政部計画・建設産業課	950-8801
中部地方整備局	建政部建設産業課	460-8514
近畿地方整備局	建政部建設産業第一課	540-8586
中国地方整備局	建政部計画・建設産業課	730-0013
四国地方整備局	建政部計画・建設産業課	760-8554
九州地方整備局	建政部建設産業課	812-0013
沖縄総合事務局	開発建設部建設産業・地方整備課	900-0006

所　在　地	電話番号	管　轄　区　域
札幌市北区北８条西２丁目 札幌第一合同庁舎	011 (709)2311	北海道
仙台市青葉区本町３－３－１ 仙台合同庁舎Ｂ棟	022 (225)2171	青森県、岩手県、 宮城県、秋田県、 山形県、福島県
さいたま市中央区新都心２－１ さいたま新都心合同庁舎２号館	048 (601)3151	茨城県、栃木県、群馬県、 埼玉県、千葉県、東京都、 神奈川県、山梨県、長野県
新潟市中央区美咲町１－１－１ 新潟美咲合同庁舎１号館	025 (280)8880	新潟県、富山県、 石川県
名古屋市中区三の丸２－５－１ 名古屋合同庁舎第２号館	052 (953)8572	岐阜県、静岡県、 愛知県、三重県
大阪市中央区大手前１－５－44 大阪合同庁舎１号館	06 (6942)1141	福井県、滋賀県、 京都府、大阪府、 兵庫県、奈良県、 和歌山県
広島市中区八丁堀２－15	082 (221)9231	鳥取県、島根県、 岡山県、広島県、 山口県
高松市サンポート３番33号	087 (851)8061	徳島県、香川県、 愛媛県、高知県
福岡市博多区博多駅東２－10－７ 福岡第２合同庁舎別館	092 (471)6331	福岡県、佐賀県、長崎県、 熊本県、大分県、宮崎県、 鹿児島県
那覇市おもろまち２－１－１ 那覇第２地方合同庁舎２号館	098 (866)0031	沖縄県

あ と が き

　最後までお読みいただき、誠にありがとうございます。
すでに開業されている方、試験に合格した方、行政書士試験を受
けてみようかなという方など、様々な立場の方がお読みになられ
たのかなと思います。

　この本で、建設業許可の業務の大枠が何となくイメージできた
でしょうか？

　私が行政書士登録をした時、もし相談が来たらどう話を始めて
どう進めていけばよいのか？　という大きな不安がありました。

　この本は、そんな10年前の私に対しての回答となる本です。
そもそも行政書士って何する人？　という疑問が合格直後にありま
した。

　士業の試験で合格者のほとんどが登録しないという国家資格。
私は絶対に開業するつもりでしたので、即、独り事務所を開業し
ました。でも、行政書士って何をする人？　という状態でした。
しかし、開業して行政書士会（私は東京都）や支部（最初は台東
支部でした）の集まりに参加し、実務家といわれる方と話す機会
が多くなりました。

　ここで、何となくですが、何かを始めよう、しようという人の
手助けをする仕事なのかなと感じるようになりました。けれど、
相談に対してどう対応すべきかという疑問は抱えたままでした。
そして、(幸運にも) 開業して数日後に知人から紹介が入りました。
訪問日時まで決めたのですが、何から話せばよいのかという不安
の塊でした。そんな時に支部の会合で名刺交換をした方に相談し
たら、その専門の行政書士の知り合いを紹介してくれました。

もちろん一番に私が質問したのは、「相談者と会った時に何から話しだせばよいのでしょうか？」でした。

　そのベテランの行政書士の方から今私が把握できている状況を聞かせてと言われたので、私が入手できた情報を伝えました。

　私の話を聞きながら、「それならこうだね」、「これならこうしなさいね」というやり取りを繰り返したのちに、「今のようにやるといいよ」と。

　実はこれが相談者との会話の進め方でした。そのベテラン行政書士の方には、本当に感謝です。

　後日その相談者とお会いした時に、今度は私がベテラン行政書士をまねて話を進め、その結果受任となりました。しかも初めての相談がそのまま初めての仕事となりました。

　私はたまたまこのベテランの行政書士の方と出会うことが出来たのですが、そうそうこういう機会がある訳でもなく…。多くの方が独りで悶々とされているかと思います。それで、10年前の私への回答としてこの本を作成した次第です。

　この本の中でのやり取りは、私自身が実際にやっていることの一体系でもあります。相談者の状況によるところもありますが、一番柱となっている私の相談対応内容を書きました。

　最初は模倣からという言葉を聞いたことがある人がいるかもしれませんね。私も先ほどのベテランの行政書士の方の模倣からスタートして、10年間ひたすらアレンジを加えてきました。ただ、模倣する相手を間違えると事故になりますが、この本の内容は模倣のネタになっていると思います。事実私は建設業許可のプロとして10年以上やっています。

まずは、模倣。そこから日々の研鑽に自身のアレンジを加えていくことで、気が付けばほぼオリジナルになっていく。

　この本の内容も私がアレンジをひたすら加え続けてきたもので、かなり私オリジナルのものになりつつあります。「つつあります」としているのは、完成はないと考えているからです。完成だとそこで終わりですから。

　私は行政書士業務を今後も続けていきたいので、まだまだ成長を続ける気満々です (^_-)- ☆

　そのため、この本では書類の作成方法についてはそれほど触れていません。なぜなら、建設業許可の資料作成方法は各行政が丁寧に手引き等を用意してくれているからです。

　「えっ」と思う方もいるでしょう。

　では、書類作成をするというのはどういう状態ですか？ 仕事が獲れた状態ですよね。そもそも、仕事が獲れなければどういう書類を作成するかも決まりません。まずは、仕事が獲れないと…それには、相談を受けるしかない。特に新人時代は相談が来る機会も少なく、その少ない機会をものにできないと、いつまでも実務が身につかない負のスパイラルに陥ります。仕事が獲れるために相談者との対話をどうするか。まずは、（きちんと）実務をやっている人を模倣することが最適手法と私は考えます。

　さて、建設業は先細りの業界という人がいます。しかし、国を造る仕事がなくなることはないと思います。確かに建設会社の数が減少しているというデータはあります。ですが、それでも残っている会社はあります。これらの会社は、単に腕が良いというだけでなく、時代の流れに合わせ経営戦略を練っているからと考え

られます。もっと言えば、良い会社だけが残っている。なので、私は良いお客様候補がたくさんいるなと感じてます。

　もちろん行政書士も時代に合わせて変化・進化していく努力をしないといけません。

　行政書士でどの業務をするかは各々の自由です。私が新人の時に出会ったとある業務の専門家とされている行政書士の方に、「同じ行政書士からこの業務は蔵本さんにという形で紹介されるようになったら一人前だよ」と言われました。まずはそれを目指しました。

　5年目ぐらいから徐々にですが行政書士からのご紹介を受けられるようになってきましたので、一人前になってきたのかなと。

　また、考え方の変化もあります。当初はご相談者に「あなたのすべてのリソースを私に見せてください、許可の可能性を見つけ出します」と超難解な新規許可案件をがむしゃらにやってきました、これはものすごく感謝されました。

　中には、建設業許可を持っていないという理由で現場から出されてしまった業者の方が数多くいました。しかし、徐々に許可を取ることよりも許可を取ったあとの運用・維持の方がさらに難しいのではと思うようになってきました。

　新規許可は、ともかく許可という箱にあわせて詰め込んでいけばどうにかなったりします。しかし、建設業許可を取得すると行政の監視下に入ると言えます。許可要件という箱からはみ出ないようにするにはどうするのかということを日々意識する必要があります。

　実際、ちょっとしたことで建設業許可を失うケースを私は数多

く見てきました。事前に相談をしてくれていれば、それこそ最初から私の所に来てくれていたらということを本当に多く見てきました。

もっと言えば、新規許可申請時に未来を見据えて書類作成をすればよいじゃないかと。

そこで私は、「建設業許可は、過去・現在、そして未来の3つの時間軸で考えて書類作成をする」を常に念頭においています。これにより、建設業許可関連の書類が資産になります。

今後は、建設業許可の有効活用と維持を大きな柱に考えています。そのためにはまだまだ研鑽が必要であり、さらに相談能力を高めていかねばならないと考えております。

10年以上前の駆け出しの私には到底考えが及ばないことですが、それもこれも最初にお客様と会ったら何から話すかという視点があったからこそと考えております。

最後に、この本を作成するにあたり株式会社自由国民社の編集の村上様。まったくもって訳の分からない世界にて奮闘頂きましてありがとうございます。

そして、スタッフの皆様にも感謝いたします。

また、出版という全く無知な世界に臨んだ私へ協力を惜しまず、元出版会社社員で高校国語教諭免許を持っている妻に、心から感謝します。

2024年3月　著者

蔵本 徹馬
（くらもと てつま）

［行政書士］

1971 年 4 月 23 日生
中央大学商学部商業貿易学科卒業

■大学 4 年次から弁護士事務所に勤務しながら旧司法試験に挑戦するも合格に至らず、その後、進学塾・情報処理関連の講師からの SIer で SE として会社員生活を 7 年。
その勤務中に、改めて自らの能力を持って生活の糧を得られるようになりたいと考え、行政書士試験を受け、合格後退社。

■台東区に『蔵本徹馬行政書士事務所』で個人事務所を開業。
開業時から“建設業許可”を主力業務として活動していく中で、建設業を専門とする先輩行政書士に誘われ、建設業専門の行政書士法人設立メンバーとして参加。
そこで 8 年間を過ごしたのち、池袋にて『行政書士事務所 てつま』を開業し、現在に至る。

■「書類は建設業者の資産にする」という理念のもと、日々建設業者のサポートに心血を注ぐ日々を送っている。
そんな中において埼玉西武ライオンズの成績を日々気にしている。ウイスキー（特にアイラ系）をたしなむ…しかし、めっぽう酒は弱いが。
大学から社会人の一時、極真カラテをやっていたことも。
現在はフィットネスタイプのキックボクシングでいい汗を流している。ただ、トレーニングの成果で体が成長し過ぎで着られる服を探すのに苦労している。

建設業許可専門の行政書士が教える
建設業許可のことがよくわかる本

2024 年 5 月 8 日　初版第 1 刷発行

著　者／蔵本 徹馬

発行者／石井 悟

発行所／株式会社 自由国民社
　　　　〒 171-0033 東京都豊島区高田 3-10-11
　　　　https://www.jiyu.co.jp
　　　　電話 03-6233-0781（営業）／ 03-6233-0786（編集）

本文 DTP・イラスト・装丁／小島 文代

印刷所／奥村印刷株式会社

製本所／新風製本株式会社